高职高专特色课程项目化教材

液压与气动技术

主　审　金　沙

主　编　梁　伟

副主编　金　亮　李忠晔

东北大学出版社

·沈　阳·

ⓒ 梁 伟 2021

图书在版编目（CIP）数据

液压与气动技术 / 梁伟主编. — 沈阳 ： 东北大学
出版社，2021.10
ISBN 978-7-5517-2813-3

Ⅰ.①液… Ⅱ.①梁… Ⅲ.①液压传动－高等职业教
育－教材②气压传动－高等职业教育－教材 Ⅳ.
①TH137②TH138

中国版本图书馆 CIP 数据核字（2021）第 223418 号

内容简介

本书以液压与气动系统典型四大元件（动力元件、控制元件、执行元件及辅助元
件）和典型回路为主体，以企业常见的液压与气动回路的工作原理、结构、使用及故
障的掌握与排除能力培养为目标，以真实的控制对象为载体进行学习环境设计、任务
设计，采用任务驱动的教学方式组织教学。本书可作为高职高专机电一体化技术、电
气自动化技术专业液压与气动技术课程教材，也可供中、高级机电、电气设备维修工
阅读。

出 版 者：东北大学出版社
地 址：沈阳市和平区文化路三号巷 11 号
邮 编：110819
电 话：024－83683655（总编室） 83687331（营销部）
传 真：024－83687332（总编室） 83680180（营销部）
网 址：http://www.neupress.com
E-mail：neuph@neupress.com
印 刷 者：辽宁一诺广告印务有限公司
发 行 者：东北大学出版社
幅面尺寸：185 mm×260 mm
印 张：13
字 数：285 千字
出版时间：2021 年 10 月第 1 版
印刷时间：2021 年 10 月第 1 次印刷
责任编辑：周 朦
责任校对：杨世剑
封面设计：潘正一
责任出版：唐敏志

ISBN 978-7-5517-2813-3 定 价：32.00 元

前　言

本书是国家高职院校辽宁石化职业技术学院重点建设专业群"工业过程自动化技术专业群"学习领域的教材，是以"突出培养学生的实际操作能力、自我学习能力和良好的职业道德，强调做中学、学中做，逐渐提高学生对企业常见液压与气动系统操作和故障排除的能力与方法"为原则编写的，用于指导液压与气动技术的课程教学与课程建设。

本书的特色体现在三个方面。一是分层教学。针对不同的教学对象实施难易不同的教学计划，使教学过程多元智能化，以学生为中心，更多地从关注学生兴趣、开发学生潜能、促进学生全面发展考虑，引导学生健康成长。二是项目化教学。以工作任务为导向，以项目为载体，依据课程标准，结合实训环境，在课程改革经验基础上，对教材进行编写。三是双元合作开发教材。聘请企业工程技术人员与专业教师共同设计和编写符合岗位需求的学习内容，实现"双元"合作开发教材。本书以机电设备维修工岗位为背景，设计了学习情境及其工作任务，每个任务由"任务目标""任务描述""知识与技能""任务实施""任务评价"构成，基本涵盖了机电设备维修工岗位从事液压与气动元件选型、使用和故障排除的典型工作。

本书由辽宁石化职业技术学院金沙担任主审、梁伟担任主编，辽宁石化职业技术学院金亮、辽宁福斯通科技发展有限公司李忠晔担任副主编。具体分工为：梁伟编写了项目一、项目二、项目三、项目四、项目五，李忠晔编写了项目六，金亮编写了项目七、项目八。在本书编写过程中，编者也参考了一些图书、杂志，并引用了部分资料，在此对这些资料的作者表示衷心的感谢。

由于编者水平有限，本书中难免存在错误和不足之处，敬请读者批评指正。

编　者

2021 年 4 月

目　录

项目一 液压传动基础知识

【背景知识】

气压传动和液压传动相比于机械传动和电气传动,其结构简单,维修、维护方便,输出力大小、方向和速度易于调节。随着制造技术的发展,它们在现代工业的各行各业中得到日益广泛的应用,已成为现代工业中不可缺少的传动和控制技术。

任务一 液压传动系统的认识

【任务目标】

- 解析液压千斤顶的工作过程,掌握液压传动的基本工作原理;
- 熟悉液压传动技术的特点;
- 了解液压传动技术的应用及发展动向。

【任务描述】

观察液压千斤顶和磨床工作台液压传动系统的工作过程,了解液压系统工作原理及系统组成。

【知识与技能】

(一)液压传动的工作原理

传动即动力的传递,是把原动机的能量通过某种方式传送到执行机构,带动执行机构实现一定的运动。按照传动部件(或工作介质)不同,传动分为机械传动、电气传动、流体传动(液体传动和气体传动)及复合传动等类型。其中,液体传动又包括液力传动和液压传动:液力传动是以液体的动能实现能量传递的液体传动;液压传动是以液体为工作介质,并以压力能进行动力(或能量)传递、转换与控制的液体传动。

液压千斤顶是应用液压传动原理进行工作的简单而常用的机械设备,现以图1-1所示液压千斤顶为例,来说明液压传动系统的工作原理。

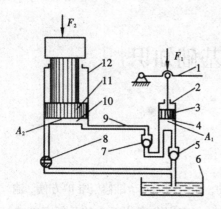

图 1-1　液压千斤顶的工作原理图

1—杠杆；2—小液压缸；3—小活塞；
4、10—油腔；5、7—单向阀；6—油箱；
8—截止阀；9—油管；11—大活塞；
12—工作液压缸

在图 1-1 中，小液压缸 2、单向阀 5 和 7、小活塞 3 构成手动液压泵，实现系统的吸油与排油。当提起杠杆 1 时，小活塞 3 向上移动，油腔 4 的工作容积增大，形成局部真空，单向阀 5 开启，油箱 6 中的油液在大气压力作用下进入油腔 4（此时单向阀 7 关闭）；当压下杠杆 1 时，小活塞 3 向下移动，油腔 4 下腔的容积缩小，油液的压力升高，打开单向阀 7，关闭单向阀 5，油腔 4 的油液进入工作液压缸 12 的油腔 10（此时截止阀 8 关闭），使大活塞 11 向上运动，将重物升起一段距离。如此反复提压杠杆 1，就可以使重物不断上升，达到提起重物的目的。工作完毕，打开截止阀 8，使油腔 10 中的油液通过管路直接流回油箱 6，大活塞 11 在外力或自重作用下实现回程，恢复到原始位置。

（二）液压传动的特性

从液压千斤顶的工作原理可以看出，液压传动具有以下特性。

（1）液压传动以液体作为能量传递的工作介质，由动力装置（液压泵）把机械能转换为液体的压力能，通过执行元件（液压缸、液压马达）把液体的压力能转换为机械能对外做功。

（2）在液压传动中，工作压力取决于负载 F 的大小，而与流入的液体体积 V 的多少无关。

（3）活塞移动速度正比于流入液压缸中油液的流量 q，与负载 F 无关，液压传动可以实现无级调速。

（4）液压传动的能量转换过程必须在密闭的系统中进行，且密封的工作容积必须发生变化。

（三）液压传动的优缺点

（1）液压传动与机械传动、电气传动相比，主要有以下优点。

① 质量轻、体积小。液压传动与机械、电气等传动方式相比，在输出同样功率的条件下，质量和体积可以减少很多，因此惯性小、动作灵敏。

② 传动平稳。在液压传动装置中，由于油液的压缩量非常小（在通常压力下可以认为不可压缩），而且油液有吸振能力，使传动十分平稳，便于实现频繁的换向。

③ 在大范围内实现无级调速（调速范围可达 2000∶1），还可以在运行过程中进行调速。

④ 易于实现过载保护。液压系统中采取了很多安全保护措施，能够自动防止过载，

避免发生事故。

⑤ 液压元件能够自动润滑。由于采用液压油作为工作介质，使液压传动装置能自动润滑，因此元件的使用寿命较长。

⑥ 易于实现机器的自动化。当采用电液联合控制甚至计算机控制后，可实现大负载、高精度、远程自动控制。

⑦ 液压元件实现了标准化、系列化、通用化，便于设计、制造和使用。

（2）液压传动系统的主要缺点如下。

① 液压传动不能保证严格的传动比，这是由液压油的可压缩性和泄漏造成的。

② 工作性能易受温度变化的影响，因此不宜在很高或很低的温度条件下工作。

③ 由于液体流动的阻力损失、泄漏的存在，其效率较低，故不宜远距离输送动力。

④ 液压元件制造精度要求较高，因此它的造价较高。

⑤ 油液容易被污染，影响液压系统的工作性能。

⑥ 液压系统发生故障不易检查和排除。

（四）液压传动技术应用概况

由于液压传动技术有许多突出的优点，所以它从民用到国防领域都得到了广泛的应用。其在各个行业的应用见表 1-1。

表 1-1　液压传动技术在各个行业的应用

行业名称	应用场合举例
机床工业	磨床、铣床、拉床、刨床、压力机、自动车床、组合车床、数控机床、加工中心等
工程机械	普遍采用液压传动，如挖掘机、装载机、推土机、压路机、铲运机等
起重运输机械	起重机、叉车、装卸机械、皮带运输机、液压千斤顶等
矿山机械	开采机、凿岩机、开掘机、破碎机、提升机、液压支架等
建筑机械	打桩机、平地机等
农业机械	联合收割机的控制系统、拖拉机和农用机的悬挂装置等
轻工机械	注塑机、打包机、校直机、橡胶硫化机、造纸机等
汽车工业	自卸式汽车、平板车、高空作业车、汽车转向器、减振器等
船舶港口机械	起货机、起锚机、舵机、甲板起重机械（绞车）、船头门、舱壁阀、船尾推进器等
铸造机械	砂型压实机、加料机、压铸机等
智能机械	折臂式小汽车装卸器、数字式体育锻炼机、模拟驾驶舱、机器人等
国防工业	陆、海、空三军的很多武器装备（如飞机、坦克、舰艇、雷达、火炮、导弹和火箭等）都采用了液压传动与控制技术
冶金工业	电炉控制系统、轧钢机的控制系统、平炉装料、转炉控制、高炉控制、带材跑偏和恒张力装置等
土木水利工程	防洪闸门及堤坝装置、河床升降装置、桥梁操纵机构等

总之，一切工程领域，凡是有机械设备的场合，均可采用液压传动技术，其前景非常可观。

（五）液压与气压传动的发展

从 1795 年第一台水压机在英国诞生，到 19 世纪 20 年代迅速发展，水压机成为继蒸汽机之后应用最广的机械设备之一，随之发展的各种水压传动控制回路为后续液压技术的发展奠定了基础。但是由于水具有黏度低、润滑性差、容易锈蚀等缺点，制约了当时水压传动技术的进一步发展。到 20 世纪初，随着石油工业的兴起，出现了黏度适中、润滑性好和耐锈蚀的矿物油，科学家们开始研究以矿物油作为工作介质的液压传动，而具有代表意义的事件是 1905 年美国人詹尼（Janney）利用矿物油作为工作介质，设计制造了第一台油压柱塞泵及由其驱动的传动装置，并将其应用于军舰的炮塔转向装置。1922 年，瑞士人托马（H.Thoma）发明了轴向柱塞泵，随后斜盘式轴向柱塞泵、压力平衡式叶片泵、径向液压马达等相继出现，使液压传动装置的性能不断提高，应用也越来越广泛。

第二次世界大战期间，军事设备急需反应快、精度高、功率大的控制机构，由于液压控制能满足其需求，因而迅速被应用到兵器等军事设备上，此时液压技术得到快速发展。第二次世界大战后，液压技术转向民用，在机械制造、农业机械、工程机械和汽车等行业中的应用越来越广泛。近年来，随着电子技术、计算机技术和自动控制技术的不断发展和进步，新工艺、新材料的不断出现，液压传动技术也不断发展、创新，液压技术在工农业生产、航空航天及国防工业中占有举足轻重的地位。目前，液压技术正朝着高压、高速、大功率、高效率、低噪声、节能高效、小型化和轻量化等方向发展；同时，液压系统的计算机辅助测试、计算机实时控制、机电一体化技术、计算机仿真和优化设计技术、可靠性研究及污染控制等，同样成为当前液压技术发展和研究的重要方向。

气压传动技术在当今世界的发展更加迅速。随着工业的发展，气动技术的应用领域已从汽车、采矿、钢铁、机械工业等行业扩展到化工、轻纺、食品和军事工业等许多行业。工业自动化技术的发展，使气动控制技术以提高系统可靠性、降低总成本为目标，研究和开发机、电、气、液系统综合控制技术。气动技术当前发展的特点和研究方向主要是节能化、小型化、轻量化、位置控制高精度化，以及与数字技术相结合的综合控制技术。

我国液压、气压技术应用较晚。从 20 世纪 50 年代开始，液压、气压技术主要被应用在机床和锻压设备上；60 年代，我国从国外引进了一些液压元件生产技术，同时自行设计开发了液压元件；80 年代，我国又从美国、日本和德国引进了一些先进的技术和设备，使我国的液压、气压技术有了很大提高。目前，我国的液压、气压元件已形成了从低压到高压的系列产品，并开发生产出许多新型液压、气压元件。

【任务实施】

- 操作使用简易车载液压千斤顶；

- 观察并指出千斤顶的组成部分;
- 熟悉液压千斤顶的工作原理。

【任务评价】

表 1-2 液压传动系统的认识任务评价表

序号	能力点	掌握情况	序号	能力点	掌握情况
1	操作规程		4	工作原理解释	
2	操作能力		5	优缺点理解	
3	组成部分理解				

任务二　液压系统组成及图形符号

【任务目标】

- 解析磨床液压工作台工作原理,掌握液压系统组成;
- 熟悉各组成元件的作用及所属类型;
- 了解液压原理图中的图形符号,掌握液压系统原理图的读图方法。

【任务描述】

图 1-2 所示为磨床工作台液压传动系统结构原理图和职能符号图,请结合此图正确指出该系统的各功能部分,按照原理图正确识别并选择所对应元件,并在实验台上进行回路连接。

【知识与技能】

液压泵 3 由电动机带动旋转,从油箱 1 中吸油,油液经过滤器 2 后流向液压泵 3,再向系统输送,然后经节流阀 5 和换向阀 6(手柄位置位于 Ⅰ)进入液压缸 7 的左腔,推动活塞连同工作台 8 向右移动。同时,液压缸右腔的油液通过换向阀经回油管排回油箱。

如果用换向阀 6 的手柄换向成图 Ⅱ 的位置,则油液经节流阀 5 和换向阀 6 进入液压缸 7 的右腔,推动活塞连同工作台向左移动。液压缸左腔的油液经换向阀、回油管排回油箱。

调节溢流阀 4(调压阀)的调定压力,就可以调节活塞及工作台的输出动力的大小;调节节流阀 5 的大小,就可以调节工作台的移动速度。这样,就满足了工作机对方向、速度、动力等方面的要求。

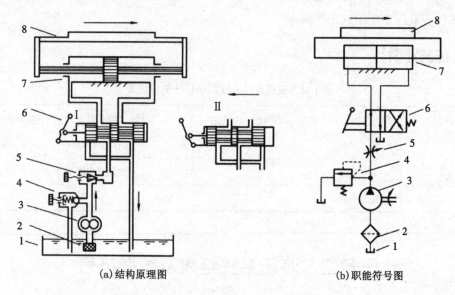

(a)结构原理图   (b)职能符号图

图 1-2　磨床工作台液压传动系统简化图

1—油箱；2—过滤器；3—液压泵；4—溢流阀；5—节流阀；6—换向阀；7—液压缸；8—工作台

从磨床工作台液压系统的工作过程可以看出，一个完整的、能够正常工作的液压系统应该由以下五个主要部分组成：工作介质、动力部分、执行部分、控制部分和辅助部分。液压传动系统的组成如表 1-3 所列。

表 1-3　液压传动系统的组成

序号	组成	元件	作用
1	工作介质	液体	传递运动和动力
2	动力部分	液压泵	将机械能转化为液体压力能
3	执行部分	油缸、油马达	将液体压力能转化为机械能
4	控制部分	各类控制阀	控制液压系统的方向、压力、流量和性能，完成不同功能
5	辅助部分	油管、油箱、过滤器等	起连接、输油、储油、过滤、储存压力能和测量等各种辅助作用

图 1-2(a)所示为结构原理图，该图直观性好，容易理解，但绘制麻烦。

图 1-2(b)所示为职能符号图，即用来表示元件的功能、连接关系及原始位置的图形符号，工程上一般都采用《流体传动系统及元件　图形符号和回路图　第 1 部分：图形符号》(GB/T 786.1—2021)表示。职能符号图阅读方便，简单明了，但初学者不易理解。该图不反映元件具体结构、安装位置和非原始位置。为此，除某些特殊情况外，通常采用职能符号来绘制液压系统原理图。初学者随着课程的深入，逐步学习，逐步理解，逐步记忆。

【任务实施】

- 熟悉实验室操作规程，掌握文明操作要求事项；
- 理解液压系统所实现的功能；
- 读懂液压系统原理图；
- 找出对应的功能元件；
- 按照要求完成安装。

【任务评价】

表 1-4　液压系统组成及图形符号任务评价表

序号	能力点	掌握情况	序号	能力点	掌握情况
1	安全操作		4	组成部分划分	
2	功能理解		5	元件识别	
3	原理图识别		6	回路连接	

任务三　液压油的选用

【任务目标】

- 了解液压油的作用；
- 掌握液压油的性质；
- 了解液压油的种类；
- 掌握液压油的选用原则。

【任务描述】

熟悉液压油的性质，并根据实际工况准确计算液压油的参数；熟练清洗实验台滤油器。

【知识与技能】

(一) 液压油的作用

在液压传动中，最常用的工作介质是液压油。液压系统能否按照设计要求可靠有效地工作，在很大程度上取决于系统中所用的液压油。

作为液压传动介质的液压油主要有以下功能。

（1）传动：把油泵产生的压力能传递给执行部件。

（2）润滑：对泵、阀、执行元件等运动部件进行润滑。

（3）密封：保持油泵所产生的压力。

（4）冷却：吸收并带出液压装置所产生的热量。

（5）防锈：防止液压系统中所用的各种金属部件锈蚀。

（6）传递信号：传递信号元件或控制元件发出的信号。

（二）液压油的功能与基本要求

在液压系统中，液压油是传递动力和运动的工作介质，同时兼有润滑、密封、冷却和防锈等功能。在液压系统中，由于压力、速度及温度在很大范围内变化，为了保证工作状态稳定，液压系统能否可靠有效地工作，在很大程度上取决于系统中所用的液压油。因此，了解液压油的基本特性，正确选择、使用和保养液压油是非常重要的。液压油在液压系统中的使用要满足以下基本要求。

（1）具有适当的黏度和良好的黏温特性。黏度过大或过小都将导致系统效率降低，所以黏度要符合实际工作条件。黏度过大，摩擦损失将增加；黏度过小，会造成泄漏。因此，为了使系统稳定工作，液压油要具有良好的黏温特性。

（2）具有良好的化学稳定性。液压油与空气接触会产生胶质沉淀物，这些沉淀物会黏附在滑阀表面或在节流缝隙处堵塞孔隙通道，影响元件动作，降低系统效率。因此，液压油应具有良好的化学稳定性。

（3）具有良好的润滑性。液压油对系统中各元件具有润滑作用，以减小摩擦、减少磨损，保证系统长期工作。目前，液压系统和元件正朝着高压、高速方向发展，这对液压油的润滑性提出了更高的要求。

（4）抗剪切稳定性好。液压油通过液压元件和狭窄通道要经受剧烈的剪切，使一些聚合型增黏剂分子遭到破坏，造成黏度永久性下降，尤其在高速、高压液压系统中，要求使用的液压油具有良好的抗剪切稳定性。

（5）抗乳化性好。水可能从不同的途径混入液压油，含水的液压油在液压泵和其他元件搅拌下极易乳化变质或生成沉淀物，以致妨碍系统导热、阻塞阀门通道、降低润滑性、腐蚀金属。

（6）消泡抗泡性能好。在大气中矿物油通常溶解 5%~10% 的空气，空气混入液压油后会产生气泡，导致系统刚性下降、动态特性变坏、润滑条件恶化，系统产生噪声、振动，加剧液压油的氧化速度。

（7）对金属的腐蚀性小。长期与液压油接触的金属件，在溶解于液压油中的空气和水的作用下会产生锈蚀，进而破坏其精度和表面质量。锈蚀颗粒在系统中循环，会加剧金属件磨损，诱发系统故障。

（8）液压油对密封材料应有良好的相容性。密封材料长期浸泡于液压油中会产生溶胀软化和干缩硬化，使密封失效，产生泄漏，系统压力降低。所以，高压系统要求液压油对密封件具有良好的相容性。

（三）液压油的物理性质

1. 密度

密度是指单位体积油液的质量，单位为 kg/m^3 或 g/mL。体积为 V、质量为 m 的液体密度为 $\rho = m/V$。

对于常用的矿物油型液压油，它的体积随着温度上升而增大，随着压力增大而减小，所以其密度随着温度上升而减小，随着压力增大而稍有增加。但由于其密度随压力变化较小，一般在中低压系统中可以认为其密度为常数。在相同的流量下，系统的压力损失和油液的密度成正比，它对泵的自吸能力也有影响。

2. 黏度

液体受外力作用而流动时，由于液体与固体壁面之间的附着力和液体本身之间的分子间内聚力的存在，使液体的流动受到牵制，导致在流动截面上各点的液体分子的流速各不相同。运动快的液体分子带动运动慢的液体分子，运动慢的液体分子对运动快的液体分子起阻滞作用。这种由于流动时液体分子间存在相对运动而导致相互牵制的力称为液体的内摩擦力或黏滞力，而液体流动时产生内摩擦力的这种特性称为液体的黏性。从它的定义可以看出，液体只有在流动（或有流动趋势）时才呈现出黏性，处于静止状态时是不呈现黏性的。

黏度是表征液体流动时内摩擦力大小的量，是衡量液体黏性大小的指标，也是液压油最重要的性质。油液黏度大可以降低泄漏风险，提高润滑效果，但会使压力损失增大，动作反应变慢，机械效率降低，功率损耗增大；油液黏度小可实现高效率、小阻力的动作，但会增加磨损和泄漏，降低容积效率。

黏度的大小通常用黏度单位来表示，我国常用的黏度单位有三种：动力黏度、运动黏度和相对黏度。

（1）动力黏度。

动力黏度是液体在单位速度梯度下流动时单位面积上产生的摩擦力。它的物理意义是：面积为 $1\ cm^2$、相距为 $1\ cm$ 的两层液体，以 $1\ cm/s$ 的速度相对运动，此时所产生的内摩擦力大小。动力黏度用 μ 表示。从动力黏度的物理意义中可以看出，液体黏性越大，其动力黏度值也越大。在法定计量单位中，动力黏度用帕·秒（$Pa \cdot s$）表示。

（2）运动黏度。

运动黏度是指在相同温度下，液体的动力黏度（μ）与它的密度（ρ）之比，用 v 表示，即

$$v = \mu/\rho \tag{1-1}$$

其法定计量单位为 m^2/s。

就物理意义而言，v 并不是一个直接反映液体黏性的量，但习惯上常用它表示液体的黏度。液压传动介质的黏度等级是以 40 ℃时的运动黏度（以 mm^2/s 计）的中心值来划分的。例如，L-HI22 型液压油在 40 ℃时运动黏度中心值为 22 mm^2/s。

（3）相对黏度。

液体黏度可以通过旋转黏度计直接测定，也可先测出液体的相对黏度，再根据关系式换算出动力黏度或运动黏度。相对黏度又称条件黏度，是根据一定的测量条件测定的。我国采用的是恩氏黏度（°E），它是用恩氏黏度计测量得到的。

恩氏黏度的测量方法如下：将 200 mL 的被测油液放入特制的容器（恩氏黏度计）内，加热到 t ℃后，让它从容器底部一个直径为 2.8 mm 的小孔中流出，测出液体全部流出所用的时间 t_1；然后将 t_1 与流出同样体积的 20 ℃的蒸馏水所需的时间 t_2 相比，比值即该油液在 t ℃时的恩氏黏度，用°E_t 表示。一般常以 20，50，100 ℃作为测定液体黏度的标准温度，由此得到的恩氏黏度用°E_{20}，°E_{50}，°E_{100} 标记。

液体的黏度是随液体的温度和压力的变化而变化的。液压油对温度的变化十分敏感：温度上升，黏度下降；温度下降，黏度上升。这主要是由于温度的升高会使油液中分子间的内聚力减小，降低了流动时液体分子间的内摩擦力。不同种类的液压油的黏度随温度变化的规律也不相同。通常用黏度指数度量黏度随温度变化的程度。液压油的黏度指数越高，它的黏度随温度的变化就越小，其黏温特性也越好，该液压油应用的温度范围也就越广。液压油随压力的变化相对较小。当压力增大时，液体分子间的距离变小，黏度增大。在低压系统中，其变化量很小，可以忽略不计；但在高压系统中，液压油的黏性会急剧增大。

3. 压缩率和体积弹性模量

液体受压力作用而发生体积变小的性质称为液体的可压缩性。在压力作用下液压油的体积变化用压缩率（β）表示，即用单位压力变化下的体积相对变化量来表示。而油液的体积弹性模量（K）则是压缩率（β）的倒数。

一般情况下，可以把液压油当成是不可压缩的。但在需要精密控制的高压系统中，油液的压缩率或体积弹性模量不能忽略不计。由于压缩率随压力和温度而增加，所以它对带有高压泵和马达的液压系统也有着重要的影响。另外，在液压设备工作过程中，液压油中总会混进一些空气，由于空气具有很强的可压缩性，所以这些气泡的混入会使油液的压缩率大大提高，所以在进行液压系统设计时，应考虑到这方面的因素。

温度对油液体积的影响一般也可以忽略不计，但对于容积很大的密闭液体，则应注意因温度升高而引起的膨胀，这种膨胀产生很高的压力，往往会使液压系统的某些薄弱部位破裂，造成设备损坏或引发事故。

4. 其他性质

液压油除以上几项主要性质外，还有比热容、润滑性、抗磨性、稳定性、挥发性、材料相容性、难燃性、消泡性等多项其他性质。这些性质对液压油的选择和使用都有着重要影响，其中大多数性质可以通过在油液中加入各种添加剂来获得，具体说明请参见相关资料或产品说明。

（四）液压油的选择

正确选择液压油有利于提高液压系统适应各种环境条件和工作状况的能力，对延长系统和元件的使用寿命、提高设备运行的可靠性、防止事故发生等方面具有重要影响。选用液压油时，依据液压系统所处的工作环境和系统工作条件，按照液压油的品种和性能综合考虑判断，并根据液压系统工况条件所处的温度、压力和液压泵类型合理选择液压油黏度性能指标和其他指标。

1. 工作温度

工作温度主要影响液压油的黏温特性和热稳定性，当工作温度在 -10~80 ℃时，一般选用 HH、HL 或 HM 型液压油；当环境温度在 -25~-5 ℃时，可选用 HV 低温液压油；当环境温度在 -40~-5 ℃时，可选用 HS 超低温液压油。

2. 工作压力

工作压力主要对液压油的抗磨性提出要求。对于高压系统的液压元件，尤其是液压泵中处于边界状态的摩擦副，由于正压力加大、速度高，摩擦磨损条件苛刻，宜选用抗磨性优良的 HM 型液压油。

3. 工作环境

选择液压油时，应考虑设备的作业环境是室内、室外、地下、水上、沙漠，还是冬夏温差大的区域。若液压系统靠近有 300 ℃以上的高温热源或有明火的场所，就要选用难燃油。

4. 液压泵的类型

液压油的润滑性对三大泵类减磨效果的顺序是（依次递减）：叶片泵、柱塞泵、齿轮泵。根据叶片泵的结构特点，叶片与定子之间的接触和运动形式导致其极易磨损，可选用合适的 HM 型液压油；低压柱塞泵可选用 HM 或 HL 型液压油，高压柱塞泵可选用含锌 HM 型液压油，对于含青铜和镀银部件的柱塞泵要选用低锌油，以减少腐蚀性磨损；对于齿轮泵，采用 HM、HL 或 HH 型液压油均可，高性能齿轮泵应选用 HM 型液压油；对于组合泵系统，如有叶片泵与其他泵组合，应以叶片泵为主。

5. 黏度的选择

液压油黏度的选择主要取决于液压系统的实际工作温度，也与所用泵的类型、压力等有关。黏度对系统装置的性能影响最大，黏度过大，使流体流动阻力增加，功率损失增加，液压泵吸油困难；黏度过小，则使泄漏增加，容积效率降低，功率损失增加，环境污染大。表 1-5 所列为不同液压泵类型在不同工作温度时的黏度等级。

表1-5　不同液压泵类型在不同工作温度时的黏度等级

泵类	压力	运动黏度(40℃)/(mm²·s⁻¹)		适用品种和黏度等级
		5~40℃	40~80℃	
叶片泵	7 MPa 以下	30~50	40~75	HM 油；32, 46, 68
	7 MPa 以上	50~70	55~90	HM 油；46, 68, 100
螺杆泵		30~50	40~80	HL 油；32, 46, 68
齿轮泵		30~70	95~165	HL 油(中、高压用 HM 油)；32, 46, 68, 100, 150
径向柱塞泵		30~50	65~240	HL 油(高压用 HM 油)；32, 46, 68, 100, 150
轴向柱塞泵		40	70~150	HL 油(高压用 HM 油)；32, 46, 68, 100, 150

注：5~40℃，40~80℃为液压系统工作温度。

液压油的选择一般要经历下述四个基本步骤：

① 确定所用油液的某些特性(黏度、密度、蒸汽压、空气溶解率、体积模量、抗燃性、温度界限、压力限、润滑性、相容性、毒性等)的允许范围；

② 查看说明书，找出符合或基本符合上述各项特性要求的油液；

③ 进行综合、权衡，调整各方面的要求和参数；

④ 征询油液制造厂的最终意见，定出所用液压油的型号、标准。

(五)液压油液的污染及其控制

1. 污染的原因及危害

液压油液中的污染物来源：液压装置组装时残留下来的污染物(如切屑、毛刺、型砂、磨粒、焊渣、铁锈等)，从周围环境混入的污染物(如空气、尘埃、水滴等)，在工作过程中产生的污染物(如金属微粒、锈斑、涂料剥离片、密封材料剥离片、水分、气泡及液压油变质后的胶状生成物等)。

固体颗粒使元件加速磨损，寿命缩短，泵、阀性能下降，甚至使阀芯卡死，滤油器堵塞。水的侵入不仅会产生气蚀，而且将加速液压油的氧化，并与添加剂起作用，产生黏性胶质，堵塞滤油器。空气的混入将降低液压油的体积模量和润滑性能，导致泵气蚀及执行元件低速爬行。

2. 液压油液的污染控制

为了减少工作液体的污染，可采取以下措施。

(1)液压元件在加工的每道工序后都应净化，装配后严格清洗。系统在组装前，油箱和管路必须清洗。用机械方法除去残渣和表面氧化物，然后进行酸洗。系统在组装后，用系统工作时使用的液压油(加热后)进行全面清洗，不可用煤油。系统冲洗时应设置高效滤油器，并启动系统，使元件动作，用铜锤敲打焊口和连接部位。

(2)在油箱呼吸孔上装设高效空气滤清器或采用隔离式油箱，防止尘土、磨料和冷却水侵入。液压油必须通过滤油器注入系统。

（3）系统应设置过滤器，其过滤精度应根据系统的不同情况来选定。

（4）系统工作时，一般应将液压油的温度控制在 65 ℃以下，因为液压油温度过高会加速氧化，产生各种生成物。

（5）应定期更换系统中的液压油，在注入新的液压油前，必须把整个系统清洗一次。

【任务实施】

- 实际生产中，某液压油的运动黏度为 68 mm^2/s、密度为 900 kg/m^3 时，试解析其动力黏度和恩氏黏度；
- 为液压试验台清洗滤油器。

【任务评价】

表 1-6　液压油的选用任务评价表

序号	能力点	掌握情况	序号	能力点	掌握情况
1	参数的理解		4	滤油器的清洗	
2	公式应用		5	油液污染判断	
3	计算能力				

项目二　解析液压动力部件

【背景知识】

液压系统中提供压力油的部件称为液压系统的能源部件或动力部件。液压系统一般由电动机、液压泵、油箱、安全阀等所组成的泵站作为动力装置。液压泵站也可作为一个独立的液压装置，根据用户要求及使用条件配置集成块，设置冷却器、加热器、蓄能器及相关电气控制装置。

液压泵是将原动机（电动机或其他动力装置）所输出的机械能转化为油液压力能的能量转换装置。它向液压系统提供一定流量和压力的液压油，起着向系统提供动力的作用，是系统不可缺少的核心元件。

任务一　液压泵的工作原理及分类

【任务目标】

- 理解常用液压泵的结构组成和工作原理；
- 掌握液压泵的性能参数；
- 熟悉液压泵的分类。

【任务描述】

分析液压泵工作原理，通过实验台液压泵铭牌学习并掌握液压泵的性能参数；根据液压泵结构的不同，厘清液压泵的分类。

【知识与技能】

（一）液压泵的工作原理

尽管液压系统中采用的液压泵形式很多，但容积式液压泵最为常用，它的工作原理可以用图 2-1 所示简单柱塞式液压泵结构图来说明。

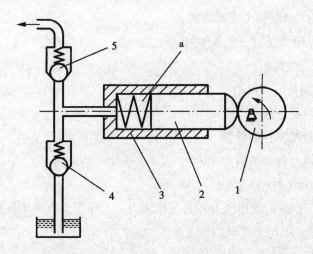

图 2-1 简单柱塞式液压泵结构图

1—偏心轮；2—柱塞；3—柱塞缸；4,5—单向阀；a—密封油腔

柱塞 2 在弹簧作用下紧压在偏心轮 1 上，电动机带动偏心轮 1 旋转，使柱塞 2 在柱塞缸中做往复运动。当柱塞向外伸出时，密封油腔 a 的容积由小变大，形成真空，油箱中的油液在大气压力的作用下，顶开单向阀 4(这时单向阀 5 关闭)进入油腔 a，实现吸油。当柱塞向里顶入时，密封油腔 a 的容积由大变小，其中的油液受到挤压而产生压力，当压力增大到能克服单向阀 5 中弹簧的作用力时，油液便会顶开单向阀 5(这时单向阀 4 封住吸油管)进入系统，实现压油。偏心轮连续旋转，柱塞就不断地进行吸油和压油。图 2-1 所示结构中只有一个柱塞向系统供油，所以油液输出是不连续的，为实现连续供油，可以设置多个柱塞，使它们轮流向系统供油。

由上可知，容积式液压泵是依靠密封工作油腔的容积不断变化来进行工作的，因此它必须具有一个或多个密封的工作油腔。当液压泵运转时，该油腔的容积必须不断由小逐渐加大，形成真空，油箱中的油液才能被吸入；当油腔容积由大逐渐减小时，油被挤压在密封工作油腔中，压力才能升高，此时压力的大小取决于油液从泵中输出时受到的阻力(如图 2-1 中单向阀 5 的弹簧力)。这种泵的输油能力(或输出流量)的大小取决于密封工作油腔的数目及容积变化的大小和频率，故称容积式泵。

泵在吸油时吸油腔必须与油箱相通，而与压油腔不通；在压油时压油腔与压力管道相通，而与油箱不通。由吸油到压油或由压油到吸油的转换称为配流。在图 2-1 中，配流是分别由单向阀 4 和 5 来实现的，单向阀 4 和 5 称为配流装置。配流装置是泵不可缺少的，只是不同结构类型的泵，具有不同形式的配流装置，如叶片泵、轴向柱塞泵等的配流盘，径向柱塞泵的配流轴或配流阀，等等。

泵借助大气压力从比它的位置低的油箱中自行吸油的能力，叫泵的自吸能力，它用泵的吸油口中心线到油箱液面间的吸油高度来表示。图 2-1 中弹簧的作用是使柱塞克服惯性力、摩擦力等向外伸出，使泵具有自吸能力。如果没有这个弹簧，则柱塞不会自动伸出，就无法吸油，也就失去了自吸能力。

因此，组成容积式泵的三个条件如下：

① 有密封的工作容积；

② 此工作容积是可变化的；

③ 吸、压油腔要分开。

(二)液压泵的基本性能参数

1. 液压泵的压力(p，单位为 MPa)

(1)工作压力(p)。

液压泵实际工作时的输出压力称为工作压力。工作压力取决于外负载的大小和排油管路上的压力损失，而与液压泵的流量无关。

(2)额定压力(p_n)。

液压泵在正常工作条件下，按照试验标准规定连续运转的最高压力为额定压力。额定压力受泵的结构强度、泄漏等因数的影响。

(3)最高允许压力(p_{max})。

在超过额定压力的情况下，按照试验标准规定，液压泵允许短暂运行的最高压力为最高允许压力。

2. 液压泵的排量(V，单位为 cm^3/r 或 mL/r)

(1)理论排量。

液压泵每转一周排出的液体体积为理论排量。其值可由液体泵密封容积几何尺寸的变化计算得到，也称几何排量。排量固定的液压泵称为定量泵，排量可调的液压泵称为变量泵。

(2)有效排量。

在规定工况下，液压泵每转一周排出的液体体积为有效排量。

3. 流量(q，单位为 m^3/s 或 L/min)

(1)平均理论流量(q_t)。

平均理论流量是液压泵在单位时间内排出的液体体积，等于泵的排量(V)和转速(n)的乘积，即

$$q_t = Vn \tag{2-1}$$

(2)实际流量(q)。

在某一压力和温度条件下，液压泵在单位时间内所排出的液体体积为实际流量。当泵的出口压力不等于零时，因存在泄漏流量(Δq)，故实际流量(q)小于理论流量(q_t)，即

$$q = q_t - \Delta q \tag{2-2}$$

(3)瞬时理论流量(q_s)。

液压泵任一瞬时的理论输出流量为瞬时理论流量，其具有脉动性。

（4）脉动流量。

脉动流量是泵的瞬时流量在平均流量附近脉动，用流量不均匀系数（δ）来评价，即

$$\delta = \frac{q_{smax} - q_{smin}}{q_t} \qquad (2-3)$$

（5）额定流量（q_n）。

液压泵在正常工作条件下，按照试验标准规定的输出流量称为额定流量。

4. 转速（n，单位为 r/min）

（1）额定转速。

在额定工况下，能连续长时间正常运转的最高转速称为额定转速。

（2）最高转速。

在额定压力下，超过额定转速允许短时间运行的最高转速称为最高转速。

（3）最低转速。

正常工作条件下，液压泵能运转的最低转速称为最低转速。

5. 功率（单位为 kW）

（1）输入功率（P_i）。

驱动液压泵运转的机械功率称为输入功率。若输入转矩为 T、角速度为 ω，则输入功率可表示为

$$P_i = T\omega \qquad (2-4)$$

（2）输出功率（P_o）。

液压泵输出的液压功率称为输出功率，其值为液压泵进、出口压差（Δp）与输出流量（q）的乘积，即

$$P_o = \Delta p q \qquad (2-5)$$

实际计算中，一般液压泵通大气，液压泵的吸油口相对压力为零，压差（Δp）即出油口压力（p）。

6. 效率

（1）容积效率（η_v）。

液压泵实际输出流量与理论流量的比值为容积效率，即

$$\eta_v = \frac{q}{q_t} = 1 - \frac{\Delta q}{q_t} \qquad (2-6)$$

液压泵的实际输出流量总是小于理论流量，这是由液压泵的内部泄漏、油液的可压缩性、吸油阻力等原因引起的。

（2）机械效率（η_m）。

液压泵的理论输出转矩（T_t）与实际输入转矩（T_i）的比值为机械效率，即

$$\eta_m = \frac{T_t}{T_i} \qquad (2-7)$$

液压泵的实际输入转矩(T_i)总是大于理论上需要的转矩(T_t)，而机械效率(η_m)反映了液压泵在转矩上的损失。其主要原因是液压泵运动部件之间存在机械摩擦和液压油具有一定的黏性。

（3）总效率（η）。

液压泵的输出功率（P_o）与输入功率（P_i）的比值为总效率，即

$$\eta = \frac{P_o}{P_i} = \frac{\Delta p q}{T_i \omega} = \frac{\Delta p q_t \eta_v}{\dfrac{T_t}{\eta_m}\omega} = \eta_v \eta_m \tag{2-8}$$

7. 吸入能力（单位为 Pa）

吸入能力是指液压泵在正常运转（不发生气蚀）条件下吸入口处允许的最低绝对压力，一般用真空度表示。为保证液压泵正常吸入油液，液压泵安装时吸油口与油液面的垂直距离不得超过 500 mm。

（三）液压泵的分类及图形符号

1. 液压泵的分类

液压泵的分类如图 2-2 所示。

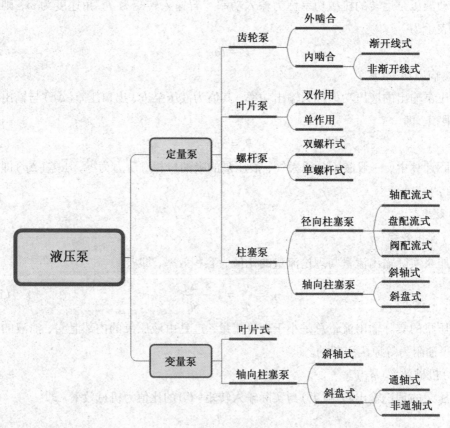

图 2-2　液压泵的分类

2. 液压泵的图形符号

液压泵的图形符号如图 2-3 所示。

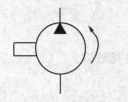 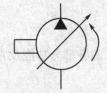 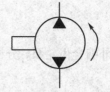 

（a）单向定量液压泵　　　（b）单向变量液压泵　　　（c）双向定量液压泵　　　（d）双向变量液压泵

图 2-3　液压泵的图形符号

【任务实施】

（1）记录实验台液压泵铭牌参数。

（2）由实验测得，当液压泵的出口压力为零时，流量为 106.0 L/min；压力为 2.5 MPa 时，流量为 100.7 L/min，结合铭牌参数计算如下数值。

① 液压泵的容积效率是多少？

② 如果液压泵的转速下降到 500 r/min，在额定压力下工作时，估算液压泵的流量是多少。

③ 在上述两种转速下，液压泵的驱动功率是多少？

（3）测量泵的性能曲线。

【任务评价】

表 2-1　液压泵的工作原理及分类任务评价表

序号	能力点	掌握情况	序号	能力点	掌握情况
1	参数的理解		4	测量的操作规程	
2	公式应用		5	曲线的准确性	
3	计算能力				

任务二　解析齿轮泵

【任务目标】

• 掌握齿轮泵的工作原理；

• 能正确拆装外啮合齿轮泵，掌握各零件的名称；

- 了解高压齿轮泵的特点；
- 了解内啮合齿轮泵的工作原理。

【任务描述】

正确拆装 CB-B 型外啮合齿轮泵，分析该泵的各部分功能及常见故障。

【知识与技能】

(一)齿轮泵的工作原理

齿轮泵的优点是体积小、质量轻、结构简单、制造方便、价格低、工作可靠、自吸性能较好、对油液污染不敏感和维护方便。齿轮泵是一种常用泵，但流量和压力脉动较大，噪声大，排量不可调节。

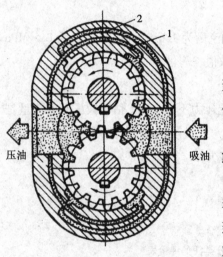

图 2-4　齿轮泵结构图

1，2—卸荷槽

齿轮泵可分为外啮合泵和内啮合泵两种，常用的是外啮合齿轮泵。

齿轮泵的齿轮两端面靠泵盖密封，泵体、前后泵盖和齿轮的各个齿间槽三者形成左右两个密封工作腔。

如图 2-4 所示，齿轮的轮齿从右侧退出啮合，露出齿间，使该腔容积增大，形成部分真空，油箱中的油液被吸进右腔(吸油腔)，将齿间槽充满。随着齿轮的旋转，每个齿轮的齿间隙把油液从右腔带到左腔(压油腔)，轮齿在左侧进入啮合，齿间隙被对方轮齿填塞，该压油腔容积减少，油压升高，压力油便源源不断地从压油腔输送到压力管路中去。这就是齿轮泵的工作原理。

这里啮合点处的齿面接触线一直起着分隔高、低压腔的作用，因此，在齿轮泵中不需要设置专门的配流机构。

(二)齿轮泵的结构

齿轮泵由一对相同的齿轮，长、短传动轴，轴承，前、后盖板和泵体组成。

图 2-5 所示为 CB-B 型齿轮泵结构图。CB-B 型齿轮泵是常用的泵体与前、后泵盖分开的三片式结构。泵体 3 中装有一对直径和齿数等几何参数完全相同并互相啮合的齿轮，主动齿轮 4 用键 7 固定在传动轴 6 上，从动齿轮 8 由主动齿轮 4 带动旋转，主动轴和从动轴均由滚针轴承 2 支承，而滚针轴承分别装在前、后泵盖 1 和 5 中。前、后泵盖由两定位销定位，并和泵体 3 一起用 6 个螺钉紧固。

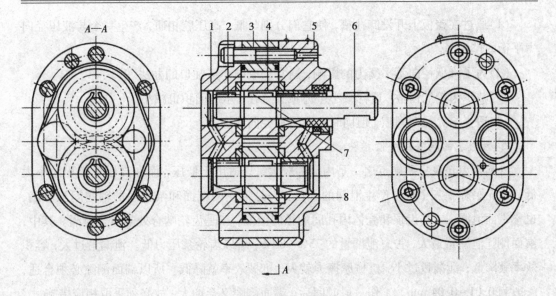

图 2-5 CB-B 型齿轮泵结构图

1—前泵盖；2—滚针轴承；3—泵体；4—主动齿轮；5—后泵盖；6—传动轴；7—键；8—从动齿轮

为使齿轮转动灵活，齿宽比泵体的尺寸稍薄，因此存在轴向间隙。为了防止轴向间隙泄漏的油液漏到泵体外，除了在主动轴的伸出端装有密封圈外，还在泵体的前、后端面上开有卸荷沟槽，使泄漏油经卸荷沟槽流回吸油口，以减轻泵体与泵盖接合面之间的泄漏油压力，减轻螺钉承受的拉力。

1. 径向不平衡力

齿轮泵压油腔压力高，吸油腔压力低，齿槽内的油液由吸油区的低压逐步增压到压油区的高压，齿轮受不平衡力作用，并传递到轴上，径向不平衡力很大时能使轴弯曲，齿顶与壳体接触，同时加速轴承的磨损，降低轴承和泵的寿命，如图 2-6 所示。因此，必须对齿轮泵的径向不平衡力采取以下相应措施。

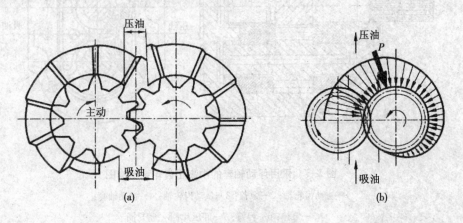

图 2-6 径向不平衡力分布图

（1）通过在盖板上开设卸荷槽，使它们分别与低、高压腔相通，产生一个与液压径向力平衡的作用力。

（2）为了降低径向不平衡力的影响，通常采取减小压油口的办法。

（3）减少齿轮的齿数，这样减小了齿顶圆直径，承压面积也减小。

（4）适当增大径向间隙，但同时也会增加径向泄漏。

2. 齿轮泵的泄漏及补偿措施

外啮合齿轮泵主要缺点之一是内泄漏较大，只适用于低压，而在高压下容积效率太低。齿轮泵存在三个容易产生泄漏的部位：一是齿轮两端面和泵盖间的轴向间隙泄漏，也称端面泄漏；二是齿顶和壳体内孔间的径向泄漏；三是齿轮啮合处的啮合泄漏。其中，端面侧隙泄漏量最大，占总泄漏量的75%~80%，所以齿轮泵压力低。泄漏量过大，容积效率就降低；泄漏量过小，机械摩擦力就大，机械效率就降低。所以端面侧隙必须合适，一般为 0.01~0.04 mm。工作一段时间后，端面侧隙又会增大，故必须采取相应措施。

为提高齿轮泵的寿命和压力，可利用静压平衡原理使端面侧隙（也叫轴向间隙）自动补偿。在齿轮和盖板之间增加一个补偿零件（如浮动轴套或浮动侧板），在补偿零件的背面引入压力油，让作用在其背面的压力稍大于正面的压力，其压差由一层很薄的油膜承受。补偿零件（浮动轴套或浮动侧板）始终自动贴紧齿轮端面，减少齿轮泵内通过端面的泄漏，以达到提高压力的目的。

目前通常采用的端面间隙自动补偿装置有浮动轴套式、浮动侧板式和挠性侧板式等几种，其原理都是引入液压油使轴套或侧板紧贴于齿轮端面，实现自动补偿端面间隙。

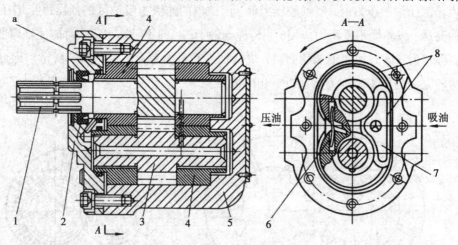

图 2-7　采用浮动轴套的中高压齿轮泵结构图

1—主动齿轮轴；2—泵盖；3—从动齿轮轴；4—浮动轴套；

5—泵体；6—弹簧；7—卸压片；8—密封圈

图 2-7 所示为采用浮动轴套的中高压齿轮泵结构图。它是把泵出口的压力油，引到

齿轮轴上的浮动轴套 4 的外侧 a 腔，在液体压力作用下，使浮动轴套 4 紧贴齿轮的侧面，以消除间隙并补偿齿轮侧面和轴套间的磨损量。泵在启动时，靠弹簧 6 来产生预紧力，以保证轴向间隙的密封。

3. 卸荷槽及困油现象

（1）产生原因。

齿轮泵要正常工作，齿轮啮合重叠系数必须大于 $1(e = 1.05 \sim 1.10)$，在两对轮齿同时啮合时，它们之间将形成一个与吸、压油腔均不相通的密闭容积，此密闭容积的大小随齿轮转动发生变化，Ⅰ由大变小，Ⅱ由小变大，这就是困油现象，如图 2-8 所示。

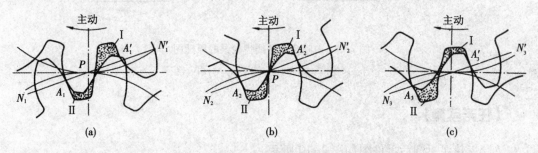

图 2-8　困油现象

（2）困油现象的危害。

密闭容积由大变小时，油液受挤压，使密闭容积中的压力急剧升高，使轴承受到很大的附加载荷，同时产生功率损失及液体发热等不良现象；密闭容积由小变大时，溶解于液体中的空气析出产生气泡，从而产生气蚀现象，引起振动和噪声，最终影响齿轮泵的使用寿命。所以困油现象必须消除。

消除困油现象的措施是在齿轮泵的前、后泵盖上或浮动轴套上开卸荷槽，使密闭容积为最小，当密闭容积由大变小时其与压油腔相通，当密闭容积由小变大时其与吸油腔相通，并保证在任何时候吸油腔与压油腔都不会相互串通。

（三）内啮合齿轮泵

内啮合齿轮泵与外啮合齿轮泵相比较，其优点是体积小、流量脉动小、噪声小；缺点是加工困难，使用受到限制。内啮合齿轮泵有摆线齿轮泵和渐开线齿轮泵两种。摆线齿轮泵又称为转子泵，两齿轮相差一个齿。

图 2-9 所示为内啮合渐开线齿轮泵的原理图，相互啮合的小齿轮和内齿轮 4 与侧板所围成的密闭容积被啮合线及月牙形隔板分割成两部分，当转子轴带动内齿轮旋转时，轮齿脱开啮合的一侧密闭容积增大，为吸油腔；轮齿进入啮合的一侧密闭容积减小，为压油腔。

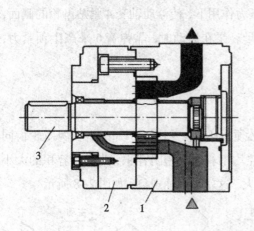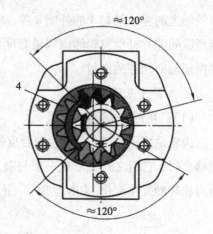

图 2-9　内啮合渐开线齿轮泵的原理图

1—泵体；2—前盖；3—转子轴；4—内齿轮

【任务实施】

（1）齿轮泵拆卸后零件图如图 2-10 所示。

拆卸步骤如下。

第一步，拆卸图 2-10 中的螺栓，取出右端盖。

第二步，取出右端盖上的密封圈。

第三步，取出泵体。

第四步，取出被动齿轮和轴、主动齿轮和轴。

第五步，取出左端盖上的密封圈。

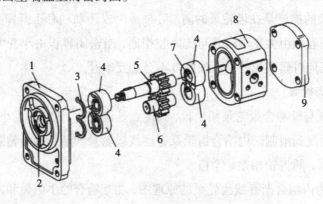

图 2-10　齿轮泵零件爆炸图

1—前泵盖；2—压环；3—密封环；4—轴承；5—主动轴；6—从动轴；7—滚子；8—泵体；9—后泵盖

（2）齿轮泵的清洗。

液压元件在拆卸完成后或装配前，必须进行彻底的清洗，以除去零部件表面黏附的防锈油、锈迹、铁屑、油泥等污物。不同零部件可以根据具体情况采取不同的清洗方法。

比如，对于泵体等外部较粗糙的零部件表面可以用钢丝刷、毛刷等工具进行刷洗，以去除黏附的铁锈、油泥等污物；对于啮合齿轮可以使用棉纱、抹布等进行擦洗；对于形状复杂的零部件或者黏附的污垢比较顽固、难于用以上方法除去的零部件，可采用浸洗的方法，即把零部件先放在清洗液中浸泡一段时间后再进行清洗，常用的清洗液有汽油、煤油、柴油及氢氧化钠溶液等，因柴油不易挥发，成本低廉，故本任务选用柴油作为清洗液。

（3）齿轮泵的装配。

装配步骤如下。

第一步，将主动齿轮（含轴）和从动齿轮（含轴）啮合后装入泵体内。

第二步，装左、右端盖的密封圈。

第三步，用螺栓将左泵盖、泵体和右泵盖拧紧。

第四步，用堵头将泵进、出油口密封（必须进行这一步）。

拆装注意事项如下。

① 拆装中应用铜棒敲打零部件，以免损坏零部件和轴承。

② 拆卸过程中，遇到元件卡住的情况时，不要乱敲硬砸。

③ 装配时，遵循先拆的零部件后安装、后拆的零部件先安装的原则，正确合理地安装；脏的零部件应用柴油清洗后才可安装；安装完毕后应使泵转动灵活平稳，没有阻滞、卡死现象。

④ 装配齿轮泵时，先将齿轮、轴装在后泵盖的滚针轴承内，轻轻装上泵体和前泵盖；再打紧定位销，拧紧螺栓，注意使其受力均匀。

【任务评价】

表 2-2　解析齿轮泵任务评价表

序号	能力点	掌握情况	序号	能力点	掌握情况
1	安全操作		4	清洗方法和效果	
2	拆卸顺序		5	安装质量	
3	功能分析				

任务三　解析叶片泵

【任务目标】

• 掌握叶片泵的工作原理；

• 能正确拆装叶片泵，掌握各零件的名称；

● 具备分析限压式变量叶片泵的特性曲线的能力。

【任务描述】

正确拆装叶片泵，分析该泵的各部分功能及常见故障。

【知识与技能】

叶片泵的优点是结构紧凑、工作压力较高、流量脉动小、工作平稳、噪声低、寿命较长。

叶片泵的缺点是对油液的污染比较敏感、结构复杂、制造工艺要求比较高。

叶片泵可分为双作用泵和单作用泵两种。转子每转一周，叶片在转子叶片槽内滑动两次，完成吸、排油各两次，故称双作用叶片泵；转子每转一周，叶片在转子叶片槽内滑动一次，完成吸、排油各一次，故称单作用叶片泵。

（一）双作用叶片泵的工作原理

双作用叶片泵与单作用叶片泵相比，其流量均匀性好，转子体所受的径向液压力基本平衡。双作用叶片泵一般为定量泵，单作用叶片泵一般为变量泵。

双作用叶片泵工作原理图如图 2-11 所示。双作用叶片泵主要由定子 4、转子 3、叶片 2 和两侧的左、右配油盘组成。转子铣有 z 个叶片槽，定子内表面由两段大半径（R）圆弧、两段小半径（r）圆弧和四段过渡曲线组成，形似椭圆。宽度为 B 的叶片在叶片槽内能自由滑动，左、右配油盘上开有对称布置的吸、压油窗口。

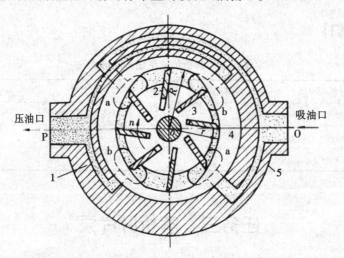

图 2-11　双作用叶片泵工作原理图

1—壳体；2—叶片；3—转子；4—定子；a，b—吸、压油窗口

由定子内环、转子外圆和左、右配油盘组成密闭工作容积，传动轴带动转子旋转，叶片在离心力作用下紧贴定子内表面，因定子形似椭圆，故密闭容积将增大形成真空，经

配油窗口 a 从油箱吸油，在密闭容积减小的区域，受挤压的油液经配油窗口 b 排出。

吸油腔和压油腔各有两个，转子每转一周完成吸、排油各两次，因此称为双作用叶片泵。

作用在转子上的油液压力相互平衡，因此双作用叶片泵又称为卸荷式叶片泵。

（二）双作用叶片泵的结构

双作用叶片泵为卸荷式叶片泵，具有压力高、流量大、噪声低的特点。

1. 配油盘

（1）封油区所对应的夹角必须等于或稍大于两个叶片之间的夹角。

（2）叶片根部全部通压力油，以保证叶片能自由滑动且始终紧贴在定子内表面上。

（3）为减小两叶片间的密闭容积在吸、压油腔转换时因压力突变而引起的压力冲击，在配油盘的配油窗口前端开有三角减振槽。

2. 定子内表面曲线

合理设计过渡曲线形状和叶片数（$z \geq 8$），可使理论流量均匀、噪声低。常用定子内表面曲线有阿基米德曲线、正弦曲线、等加速-等减速曲线、高次曲线等。定子曲线圆弧段圆心角（β）、配油窗口的间距角（γ）和叶片间夹角（α）之间的关系为 $\beta \geq \gamma \geq \alpha$。

对定子内表面曲线的要求如下：

（1）叶片不发生脱空；

（2）获得尽量大的理论排量；

（3）减小冲击，以降低噪声、减少磨损；

（4）提高叶片泵流量的均匀性，减小流量脉动。

3. 叶片

压力角是指定子对叶片的法向反力 F_n 与叶片运动方向的夹角。

倾角是指叶片与径向半径的夹角。将叶片顺着转子转动方向前倾一个角度，这样就可以减小侧向力 F，使叶片在槽中移动灵活，并可减少磨损。液压泵的叶片倾角一般取为 $\theta = 13°$。材料为 W18Cr4V 的叶片厚度为 $\delta = 1.8 \sim 2.5$ mm，与槽间隙为 $0.01 \sim 0.02$ mm。

（三）高压叶片泵的结构特点

提高双作用叶片泵额定压力的措施有以下两点：

① 采用浮动配油盘，实现端面间隙补偿，保证高压下的容积效率；

② 减小叶片与定子内表面接触应力。

高压叶片泵的结构图如图 2-12 所示。为保证叶片紧贴在定子内表面，通常将叶片槽根部全部通压力油，但这样会带来以下副作用：定子的吸油腔部被叶片刮研，造成磨损；减少了泵的理论排量；可能引起瞬时理论流量脉动。因此，将影响泵的寿命和额定压力的提高。所以，要提高双作用叶片泵的额定压力，必须减小通往吸油区叶片根部的油液压力，减小吸油区叶片根部的有效作用面积，具体措施如下：

① 减小作用在叶片底部的油液压力，开阻尼槽，内装小的减压阀；

② 减小叶片底部承受压力油的作用面积，使叶片顶端和底部的液压作用力相平衡，采用子母叶片、双叶片、弹簧叶片、阶梯叶片、柱销叶片等。

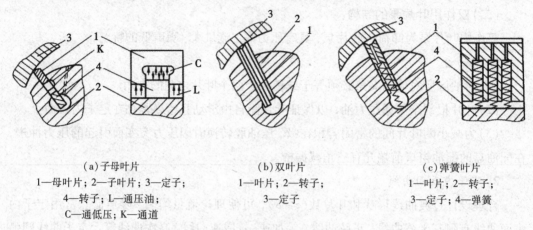

(a)子母叶片
1—母叶片；2—子叶片；3—定子；
4—转子；L—通压油；
C—通低压；K—通道

(b)双叶片
1—叶片；2—转子；
3—定子

(c)弹簧叶片
1—叶片；2—转子；
3—定子；4—弹簧

图 2-12 高压叶片泵的结构图

(四)单作用叶片泵的工作原理

与双作用叶片泵显著不同的是，单作用叶片泵的定子内表面是一个圆形，铣有 z 个叶片槽的转子与定子间有一偏心量(e)，两端的配油盘上只开有一个吸油窗口和一个压油窗口。每一叶片在转子槽内往复滑动一次，每相邻两叶片与定子、转子、配油盘组成密闭容积，当转子旋转一周时，该密闭容积发生一次增大和缩小的变化，容积增大时通过吸油窗口吸油，容积缩小时则通过压油窗口将油压出。在吸油区和压油区之间，各有一段封油区将它们相互隔开，以保证泵的正常工作。

单作用叶片泵工作原理图如图 2-13 所示。单作用叶片泵也是由定子 3、转子 2、叶片 4 和两侧的左、右配油盘组成。转子每转一周，泵吸、压油各一次，故称为单作用叶片泵。又因为这种泵的转子受不平衡的径向液压力，故又称为非平衡式叶片泵。因而这种泵压力一般为 7 MPa。型号 PV7 的额定压力是 10 MPa(直控)、16 MPa(外控)。

(五)单作用叶片泵与双作用叶片泵的区别

(1)单作用叶片泵通过改变偏心距(e)的大小和方向，就可以调节叶片泵输出的流量和方向。

(2)单作用叶片泵的叶片底部分别通油，即吸油区通吸油腔，压油区通压油腔，叶片底部和顶部液压力是平衡的。叶片向外伸出靠离心力的作用，叶片厚度对排量影响不大。

(3)因定子内环为偏心圆，叶片矢径是转角的函数，瞬时理论流量是脉动的。为减少流量脉动，叶片数取为奇数，一般为 13 片或 15 片。

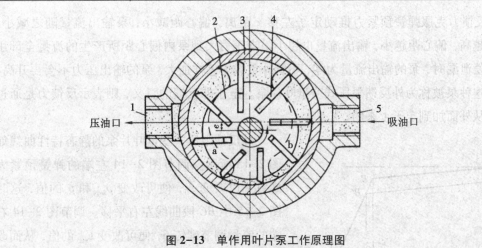

图 2-13　单作用叶片泵工作原理图

1—压油口；2—转子；3—定子；4—叶片；

5—吸油口；a，b—压、吸油窗口

（六）外反馈限压式变量叶片泵的工作原理

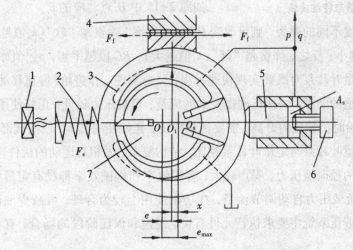

图 2-14　外反馈限压式变量叶片泵的工作原理图

1—弹簧预紧力调节螺钉；2—弹簧；3—定子；

4—滑块滚针支承；5—反馈柱塞；6—流量调节螺钉；7—转子

图 2-14 所示为外反馈限压式变量叶片泵的工作原理图。它能根据外负载的大小自动调节泵的排量。图中转子 7 的中心 O 是固定不动的，定子 3 可以左右移动。当泵的转子逆时针方向旋转时，转子上部为压油腔，下部为吸油腔，压力油把定子向上压在滑块滚针支承 4 上。定子右边有一反馈柱塞 5，它的油腔与泵的压油腔相通。设反馈柱塞受压面积为（A_x），则作用在定子上的反馈力（pA_x）小于作用在定子左侧的弹簧预紧力（F_s）时，弹簧 2 把定子推向最右边，使柱塞和流量调节螺钉 6[用以预调泵的最大工作偏心距（e_{max}），进而调节最大流量]相接触，此时泵的输出流量最大。当泵的压力升高到 $pA_x > F_s$

时，反馈力克服弹簧预紧力推动定子左移 x 距离，偏心距减小，泵输出流量随之减小。压力越高，偏心距越小，输出流量也越小。当压力大到泵内偏心距所产生的流量全部用于补偿泄漏时，泵的输出流量为零，不管外负载再怎样加大，泵的输出压力不会再升高，所以这种泵被称为外反馈限压式变量叶片泵。至于外反馈的意义，则表示反馈力是通过柱塞从外面加到定子上来的。

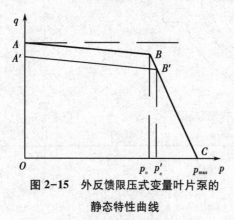

图 2-15　外反馈限压式变量叶片泵的静态特性曲线

外反馈限压式变量叶片泵的静态特性曲线如图 2-15 所示。调节图 2-14 左端的弹簧预紧力螺钉 1 以改变 x_0，便可改变 p_{max} 和 p_c 的值，这时图 2-15 中 BC 段曲线左右平移。调节图 2-14 右端的流量调节螺钉 6，便可改变 e_{max} 的值，从而改变最大流量的大小，此时曲线 AB 段上下平移，但曲线 BC 段不会左右移动（因为 p_{max} 值不会改变）。而 p_c 值因弹簧预紧力的变化而稍有变化，如图 2-15 中 B' 点对应的 p_c'。

如更换刚度不同的弹簧，则可改变 BC 段的斜率，弹簧越"软"（k_s 值越小），BC 段越陡，力 p_{max} 值越小；反之，弹簧越"硬"（k_s 值越大），BC 段越平坦，p_{max} 值亦越大。

限压式变量叶片泵对既要实现快速行程，又要实现工作进给（慢速移动）的执行元件来说是一种合适的油源：快速行程需要大的流量，负载压力较低，正好使用其 AB 段曲线部分；工作进给时负载压力升高，需要流量较少，正好使用其 BC 段曲线部分。

限压式变量叶片泵与定量叶片泵相比，结构复杂，做相对运动的机件多，泄漏较大，轴上受不平衡的径向液压力，噪声较大，容积效率和机械效率都没有定量叶片泵高。但是，它能按照负载压力自动调节流量，在功率使用上较为合理，可减少油液发热。因此把它用在机床液压系统中要求执行元件有快、慢速和保压阶段的场合，有利于节能和简化液压系统。

【任务实施】

1. 叶片泵拆卸

拆卸步骤如下。

第一步，卸下螺栓，拆开泵体。

第二步，取出右配油盘。

第三步，取出转子和叶片。

第四步，取出定子，再取出左配油盘。

2. 叶片泵的清洗

对叶片、转子、定子、配油盘、密封圈、轴承、泵体、泵盖和螺栓等零件进行清洗。

3. 叶片泵的装配

第一步,将叶片装入转子内(注意叶片的安装方向)。

第二步,将配油盘装入左泵体内,再放进定子。

第三步,将装好的转子放入定子内。

第四步,插入传动轴和配油盘(注意配油盘的方向)。

第五步,装上密封圈和右泵体,用螺栓扩紧。

拆装注意事项如下。

① 拆解叶片泵时,先用内六方扳手在对称位置松开后泵体上的螺栓后,再取掉螺栓,用铜棒轻轻敲打使花键轴和前泵体及泵盖部分从轴承上脱下,把叶片分成两部分。

② 观察后泵体内定子、转子、叶片、配油盘的安装位置,分析其结构、特点,理解工作过程。

③ 取下泵盖,取出花键轴,观察所用的密封元件,理解其特点、作用。

④ 拆卸过程中,遇到元件卡住的情况时,不要乱敲硬砸。

⑤ 装配前,各零件必须仔细清洗干净,不得有切屑磨粒或其他污物。

⑥ 装配时,遵循先拆的零部件后安装、后拆的零部件先安装的原则,正确合理地安装;注意配油盘、定子、转子、叶片应保持正确的装配方向;安装完毕后应使泵转动灵活,没有卡死现象。

⑦ 叶片在转子槽内,配合间隙为 $0.015 \sim 0.025$ mm;叶片高度略低于转子的高度,其值为 0.005 mm。

【任务评价】

表 2-3　解析叶片泵任务评价表

序号	能力点	掌握情况	序号	能力点	掌握情况
1	安全操作		4	清洗方法和效果	
2	拆卸顺序		5	安装质量	
3	功能分析				

任务四　解析柱塞泵

【任务目标】

• 掌握柱塞泵的工作原理;

• 能正确拆装柱塞泵,掌握各零件的名称;

• 具备分析柱塞泵常见故障的能力。

【任务描述】

正确拆装柱塞泵，分析该泵的各部分功能及常见故障。

【知识与技能】

（一）轴向柱塞泵

轴向柱塞泵因柱塞与缸体轴线平行或接近于平行而得名。它具有工作压力高、效率高、容易实现变量等优点。其缺点是对油液污染敏感，滤油精度要求高，对材质和加工精度的要求高，使用和维修要求较严，价格也比较贵。这类泵常用于压力加工机械、起重运输机械、工程机械、冶金机械、船舶甲板机械、火炮和空间技术等领域。

轴向柱塞泵按照其结构特点分为斜盘式轴向柱塞泵和斜轴式轴向柱塞泵两大类。

1. 轴向柱塞泵工作原理

轴向柱塞泵的简化结构图如图 2-16 所示。它由传动轴 1、壳体 2、斜盘 3、柱塞 4、缸体 5、配油盘 6 和弹簧 7 等零件组成。

柱塞 4 安放在沿缸体均布的柱塞孔中。斜盘 3 和配油盘 6 是固定不动的。弹簧 7 的作用有两个：一是使柱塞头部顶靠在斜盘上（因其接触为一个点，故称为点接触型）；二是使缸体紧贴在配油盘 6 上。配流盘上的两个腰形窗口分别与泵的进、出油口相通。斜盘与缸体中心线的夹角为 α。当传动轴按照图示方向旋转时，位于 A—A 剖面右半部的柱塞不断向外伸出，柱塞底部的密闭容积不断扩大，形成局部真空，油液在大气压的作用下，自泵的进口经配流盘的吸油窗口进入柱塞底部，完成吸油过程。而位于 A—A 剖面左半部的柱塞则不断向里缩进，柱塞底部的密闭容积不断缩小，油液受压经配流盘的压油窗口排到泵出口，完成压油过程。

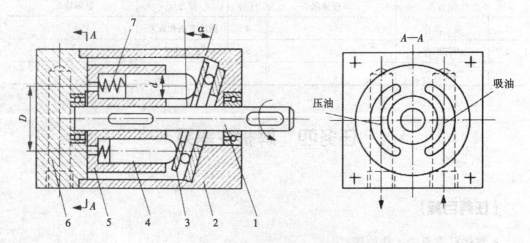

图 2-16　轴向柱塞泵的简化结构图

1—传动轴；2—壳体；3—斜盘；4—柱塞；5—缸体；6—配油盘；7—弹簧

2. 斜盘式轴向柱塞泵典型结构

图2-17所示为CY型轴向柱塞泵结构图，该泵将分散布置在柱塞底部的弹簧改为中心弹簧11。弹簧11的作用有两个：一是通过内套筒12、钢球14和回程盘15，将滑靴3压紧在斜盘上；二是通过外套筒13使缸体5压紧在配流盘10上。传动轴为半轴（故称为半轴型轴向柱塞泵），斜盘对滑靴柱塞组件的反作用力的径向分力由缸外大轴承2来承受。所以传动轴只传递扭矩而不承受弯矩，因此轴可以做得较细。但由于缸外大轴承的存在，使转速的提高受到限制。

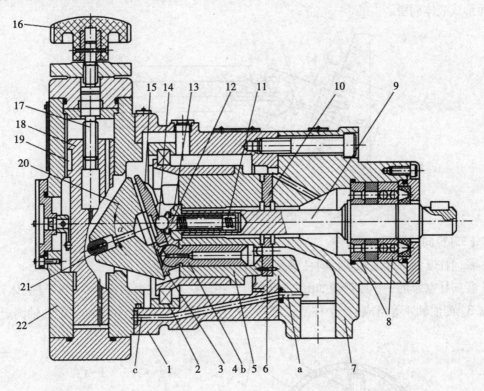

图2-17 CY型轴向柱塞泵结构图

1—中间泵体；2—缸外大轴承；3—滑靴；4—柱塞；5—缸体；6—定位销；7—前泵体；8—轴承；9—传动轴；

10—配流盘；11—中心弹簧；12—内套筒；13—外套筒；14—钢球；15—回程盘；16—调节手轮；

17—调节螺杆；18—变量活塞；19—导向键；20—斜盘；21—销轴；22—后泵盖

图2-18所示为滑靴的静压支承机构工作情况，在柱塞头部加上滑靴后，将点接触改为面接触，并为液体润滑。当柱塞底部受高压油作用时，液压力通过柱塞将滑靴紧压在斜盘上，若压力太大，就会使滑靴的磨损严重，甚至会造成滑靴烧坏而不能正常工作。为了减小滑靴与斜盘之间的接触应力，减少磨损，延长使用寿命，提高效率，轴向柱塞泵根据静压平衡理论，采用了油膜静压支承结构。在滑靴和斜盘之间，缸体端面和配油盘之间都采用了这种结构。下面就具体分析滑靴和斜盘间的静压支承结构。

液压泵工作时的油压 p 作用在柱塞上，对滑靴产生一个法向压紧力 N，使滑靴压向斜盘表面，而油腔A中的油压 p' 及滑靴与斜盘间内的液压力给滑靴一个反推力 F，当 $F=N$ 时，滑靴与斜盘间为液体润滑。液体润滑的形成过程如下：泵开始工作时，滑靴贴紧斜盘，油腔A中的油不流动而处于静止状态，此时 $p=p'$；设计应使此状态下的反推力 F 稍大于压紧力 N，滑靴被逐渐推开，产生间隙 h，A腔中的油通过间隙漏出并形成油膜；这时压力为 p 的油液经阻尼孔 f 和 g 流到A腔，由于阻尼作用，使 $p'<p$，直至反推力 F 与压紧力 N 相等为止，这时滑靴和斜盘之间处于新的平衡状态，并保持一定的油膜厚度，从而形成液体润滑。

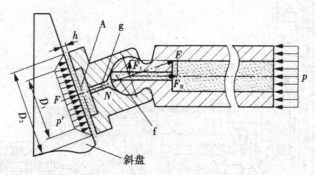

图 2-18　滑靴的静压支承机构工作情况

（二）径向柱塞泵

径向柱塞泵有配油轴式径向柱塞泵和阀配油径向柱塞泵。

径向柱塞泵的工作原理图如图 2-19 所示，径向柱塞泵主要由定子1、转子（缸体）2、柱塞3、配油轴4等组成。5个柱塞径向均匀布置在转子中，可自由滑动。配油轴固定不动。

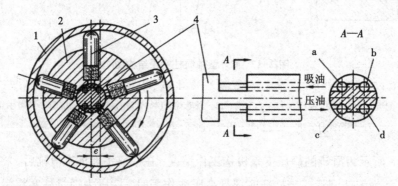

图 2-19　径向柱塞泵的工作原理图
1—定子；2—转子（缸体）；3—柱塞；4—配油轴；a，b—吸油轴向孔；c，d—压油轴向孔

每个柱塞底部空间为密闭工作腔。当柱塞随转子转动时，柱塞滑靴头部在离心力和定子内表面的推压力作用下，压紧在定子内圆上做往复运动。因定子与转子存在偏心距 (e)，柱塞在外伸时通过两个轴向孔 a，b 吸油，缩回时通过轴向孔 c，d 压油。移动定子

改变偏心距的大小，便可改变柱塞的行程，从而改变排量。若改变偏心距的方向，则可改变吸、压油的方向。因此，径向柱塞泵可以做成单向或双向变量泵。

由于径向柱塞泵径向尺寸大、结构复杂、自吸能力差，且配油轴受到径向不平衡液压力的作用而易于磨损，泄漏间隙不能补偿，从而限制了它的转速和压力的提高。

【任务实施】

（1）柱塞泵拆开程序如下。（手动式斜盘式轴向柱塞泵组成零件如图2-20所示。）

第一步，将泵的吸油口和排油口的管接头拆下，拆下泵壳的安装螺钉。

第二步，泵的外壳全部清洗、吹净后，仔细地取下端盖。

第三步，把泵的内部定位销位置看清楚，并记住该位置。

第四步，取出内部总成，将侧板与转子同时取出；将叶片和转子仔细取出放好。

第五步，叶片拿出后，数一下数量，注意不要失落，注意区分正、背面。

第六步，把轴侧的联轴器在旋松紧定螺钉后取下，在咬死的情况下用锤子打松或用拉拔工具拆下。

第七步，把轴上的键取下，检查轴上花键的沟槽是否有伤痕和毛刺，如有这种情况，应用油石修光。

第八步，将轴侧盖子上的螺钉拆下，分离盖子，注意不要损伤轴封。

第九步，拆下的零件不要和前面拆下的内部总成的零件混淆。

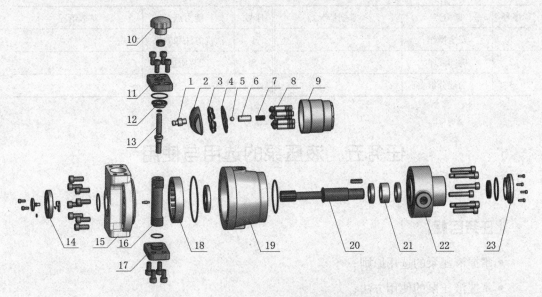

图2-20 手动式斜盘式轴向柱塞泵组成零件

1—销子；2—斜盘；3—滑靴；4—压板；5—钢球；6—内套；7—中心弹簧；8—柱塞；9—回转缸体；

10—手轮；11—上端盖；12—轴套；13—调节螺杆；14—刻度盘；15—变量壳体；16—变量活塞；

17—下端盖；18—轴承；19—泵壳；20—传动轴；21—挡圈；22—泵体；23—泵盖

（2）清洗柱塞、滑靴、回转缸体、变量机构阀芯、斜盘、压板、密封圈、轴承、泵体、泵盖和螺栓等。

（3）柱塞泵重装程序如下。

第一步，把壳体内外用油清洗干净，将铁锈和毛刺用砂皮和油石仔细地除去。

第二步，将清净后的叶片、转子、侧板正确安装成内部总成。

第三步，在轴侧壳体内和内部总成上涂工作油，然后慎重将内部总成装入壳体内。

第四步，将圆柱销正确装入销孔内，轻轻地转动转子，看是否装对。

第五步，检查盖子轴封后，抹以润滑油后装入。

第六步，仔细地安装盖子，注意要一次装入，不要拉出，否则要进行重装。

第七步，将盖子压住，拧上一定长度的螺钉。可用手慢慢转动轴，否则松紧外螺钉；泵盖上的螺钉应交互地一点点均拧，直至拧紧到规定的力矩为止。如拧紧力矩不够，泵的效率就会降低；而拧紧力矩过大，则容易引起咬死。

第八步，由联轴器将泵和电动机连在一起，偏心距小于 0.01 mm。接通开关，开始点动，然后空载运转，再缓缓升高压力，如有异常，立即停车检查。

【任务评价】

表 2-4　解析柱塞泵任务评价表

序号	能力点	掌握情况	序号	能力点	掌握情况
1	安全操作		4	清洗方法和效果	
2	拆卸顺序		5	安装质量	
3	功能分析				

任务五　液压泵的选用与使用

【任务目标】

- 掌握液压泵的选用原则；
- 掌握液压泵的使用方法；
- 具备根据实际工况合理选择液压泵的能力。

【任务描述】

根据实际工况合理选用液压泵，并正确使用液压泵。

【知识与技能】

(一)液压泵的选用

液压泵是液压系统的核心元件，合理地选择液压泵对于降低液压系统的能耗、提高系统效率、降低噪声、改善工作性能和保证系统工作的可靠性都是十分重要的。

选择液压泵的原则是根据主机工况、功率大小和系统对工作性能的要求，首先确定液压泵的类型，然后按照系统所要求的压力、流量大小确定其规格型号。表2-5列出了液压系统中常用液压泵的主要性能。

表2-5　常用液压泵的主要性能

类型	项目					
	齿轮泵	双作用叶片泵	限压式变量叶片泵	轴向柱塞泵	径向柱塞泵	螺杆泵
工作压力/MPa	<20	6.3~21.0	≤7	20~35	10~20	<10
转速范围/(r·min⁻¹)	300~700	500~4000	500~2000	600~6000	700~1800	1000~18000
容积效率	0.70~0.95	0.80~0.95	0.80~0.90	0.90~0.98	0.85~0.95	0.75~0.95
总效率	0.60~0.85	0.75~0.85	0.70~0.85	0.85~0.95	0.75~0.92	0.70~0.85
功率质量比	中等	中等	小	大	小	中等
流量脉动率	大	小	中等	中等	中等	很小
自吸特性	好	较差	较差	较差	差	好
对油的污染敏感性	不敏感	敏感	敏感	敏感	敏感	不敏感
噪声	大	小	较大	大	大	很小
寿命	较短	较长	较短	长	长	很长
单位功率造价	最低	中等	较高	高	高	较高
应用范围	机床、工程机械、农机、航空、船舶、一般机械	机床、注塑机、液压机、起重运输机械、工程机械、飞机	机床、注塑机	工程机械、锻压机械、起重运输机械、冶金机械、船舶、飞机	机床、液压机、船舶机械	精密机床、精密机械、食品、化工、石油、纺织等机械

一般来说，由于各类液压泵突出的特点，以及它们的结构、功用和运转方式各不相同，因此应根据不同的使用场合，选择合适的液压泵。在机床液压系统中，往往选用双作用叶片泵和限压式变量叶片泵；而在筑路机械、港口机械及小型工程机械中，往往选

择抗污染能力较强的齿轮泵；在负载大、功率大的场合，往往选择柱塞泵。

（二）液压泵的使用

使用液压泵主要有以下注意事项。

（1）液压泵启动前，必须保证其壳体内已充满油液，否则，液压泵会很快损坏，有的柱塞泵甚至会立即损坏。

（2）液压泵的吸油口和排油口的过滤器应及时清洗，因为污物阻塞会导致泵工作时的噪声大，压力波动严重或输出油量不足，并易使泵出现更严重的故障。

（3）应避免在油温过低或过高的情况下启动液压泵。油温过低时，由于油液黏度大会导致吸油困难，严重时会很快造成泵的损坏。油温过高时，油液黏度下降，不能在金属表面形成正常油膜，使润滑效果降低，泵内的摩擦副发热加剧，严重时会烧结在一起。

（4）液压泵的吸油管不应与系统回油管相连接，避免系统排出的热油未经冷却直接吸入液压泵，使液压泵乃至整个系统油温上升，并导致恶性循环，最终使元件损坏或系统发生故障。

【任务实施】

通过查找网络资料和图书，列举 5 种液压设备，指出其使用液压泵的类型，分析液压泵选用的原因。

【任务评价】

表 2-6　液压泵的选用与使用任务评价表

序号	能力点	掌握情况	序号	能力点	掌握情况
1	资料查找能力		4	泵选用的原则	
2	各类液压泵的特点		5	泵应用场合掌握	
3	泵功能分析				

项目三 解析液压执行元件

【背景知识】

液压执行元件是将液体的压力能转换为机械能的元件。它驱动机构做直线往复或旋转(或摆动)运动,其输出为压力和流量,或力和速度,或转矩和转速。

液压缸是实现直线往复运动的执行元件,可以将液压能转换为机械能。液压缸按照结构形式分为活塞缸、柱塞缸和摆动缸等。活塞缸和柱塞缸实现往复直线运动,输出推力和速度;摆动缸实现往复摆动,输出转矩和角速度。

液压马达是实现连续旋转或摆动的执行元件,它将系统的液压能(液压马达的输入压力和输入流量的乘积)转变为机械能(液压马达输出轴上的转矩和角速度的乘积),使系统输出一定的转速和转矩,驱动工作部件运动。

任务一 解析活塞式液压缸

【任务目标】

- 理解活塞式液压缸的结构组成和工作原理;
- 掌握活塞式液压缸的正确拆卸、装配及安装方法;
- 了解活塞式液压缸的常见故障及维修方法。

【任务描述】

- 正确拆装液压缸,并指出该液压缸的常见故障及维修方法;
- 根据实际工况计算液压缸的受力情况和运动情况。

【知识与技能】

(一)单杆活塞液压缸结构

单杆活塞液压缸的活塞只有一端带活塞杆,其结构图如图3-1所示。其结构由以下几部分组成:缸筒部分由端盖10和缸筒11组成;活塞部分由活塞4和活塞杆7组成;密封部分是为了防止油液内外泄漏,在缸筒与活塞之间、缸筒和两侧端盖之间、活塞杆与导向套之间分别装了密封圈 1,3,8,9;此外在前端与活塞杆之间装有导向套 5 和防尘圈 6。由于单杆活塞液压缸是双向液压驱动,故又称为双作用缸。

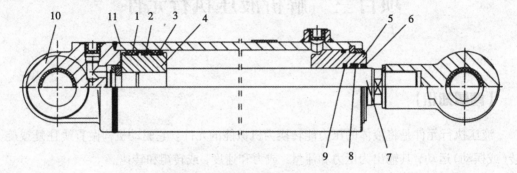

图 3-1　单杆活塞液压缸基本结构图

1,3,8,9—密封圈;2—支撑环;4—活塞;5—导向套;6—防尘圈;7—活塞杆;10—端盖;11—缸筒

(二)单杆活塞液压缸工作原理

图 3-2 所示为单杆活塞液压缸简图,其活塞的一侧有伸出杆,两腔的有效工作面积不相等。当向缸两腔分别供油,且供油压力和流量相同时,活塞(或缸体)在两个方向的推力和运动速度不相等。

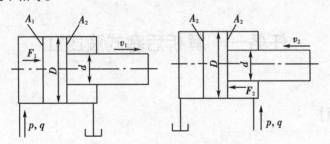

(a)有杆腔回油　　　　　(b)无杆腔回油

图 3-2　单杆活塞液压缸简图

当无杆腔进压力油、有杆腔回油[如图 3-2(a)所示]时,活塞推力 F_1 和运动速度 v_1 分别为

$$F_1 = A_1 p = \frac{\pi}{4} D^2 p \qquad (3-1)$$

$$v_1 = \frac{q}{A_1} = \frac{4q}{\pi D^2} \qquad (3-2)$$

当有杆腔进压力油、无杆腔回油[如图 3-2(b)所示]时,活塞推力 F_2 和运动速度 v_2 分别为

$$F_2 = A_2 p = \frac{\pi}{4} (D^2 - d^2) p \qquad (3-3)$$

$$v_2 = \frac{q}{A_2} = \frac{4q}{\pi(D^2 - d^2)} \qquad (3-4)$$

式中，A_1——缸无杆腔有效工作面积；

A_2——缸有杆腔有效工作面积。

由上述公式比较可知：无杆腔进压力油工作时，推力大，速度低；有杆腔进压力油工作时，推力小，速度高。因此，单杆活塞液压缸常用于一个方向有较大负荷但运行速度较低、另一个方向为空载快速退回运动的设备。例如，各种金属切削机床、压力机、注塑机、起重机的液压系统常用单杆活塞缸。

单杆活塞液压缸两腔同时通入压力油时（如图3-3所示），由于无杆腔工作面积比有杆腔工作面积大，活塞向右的推力大于向左的推力，故其向右移动。液压缸的这种连接方式称为差动连接。

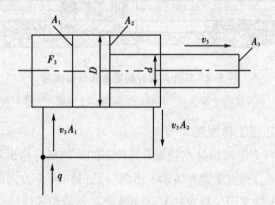

图3-3 单杆活塞缸的差动连接

差动连接时，活塞的推力 F_3 为

$$F_3 = A_1 p - A_2 p = A_3 p = \frac{\pi}{4} d^2 p \qquad (3-5)$$

若活塞的速度为 v_3，则无杆腔的进油量为 $v_3 A_1$，有杆腔的出油量为 $v_3 A_2$，因而有 $v_3 A_1 = q + v_3 A_2$，整理后得

$$v_3 = \frac{q}{A_1 - A_2} = \frac{q}{A_3} = \frac{4q}{\pi d^2} \qquad (3-6)$$

比较式（3-4）和式（3-6）可知，$v_3 < v_2$；比较式（3-3）和式（3-5）可知，$F_3 < F_2$。这说明单杆活塞缸差动连接时，能使运动部件获得较高的速度和较小的推力。因此，单杆活塞缸还常用在需要实现"快进（差动连接）→工进（无杆腔进压力油）→快退（有杆腔进压力油）"工作循环的组合机床等设备的液压系统中。这时，通常要求"快进"和"快退"的速度相等，即 $v_3 = v_2$。由式（3-4）和式（3-6）可知，若 $A_3 = A_2$，则 $D = \sqrt{2} d$（或 $d = 0.71D$）。

（三）双杆活塞液压缸结构

双作用双杆活塞液压缸结构（见图3-4）与单杆活塞液压缸结构相似，其不同的地方是活塞两端都有活塞杆和两个端盖。由于两边活塞杆直径相同，所以活塞两端的有效作用面积相同。若左、右两端分别输入相同压力和流量的油液，则活塞上产生的推力和往返速度也相等。这种液压缸常用于往返速度相同且推力不大的场合，如用来驱动外圆磨床的工作台等。

双作用双杆活塞液压缸的安装方式有缸体固定和活塞杆固定两种，常用于中、大型设备上。

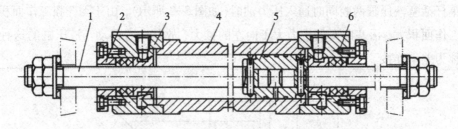

图3-4　双作用双杆活塞液压缸结构图

1—活塞杆；2—缸盖；3—缸底；4—缸筒；5—活塞；6—密封圈

（四）双杆活塞液压缸工作原理

图3-5所示为双杆活塞液压缸结构图，其活塞的两侧都有伸出杆。当两活塞杆直径相同、缸两腔的供油压力和流量都相等时，活塞（或缸体）两个方向的运动速度和推力都相等。因此，这种液压缸常用于要求往复运动速度和负载相同的场合，如各种磨床。

图3-5（a）所示为缸体固定式，当缸的左腔进压力油、右腔回油时，活塞带动工作台向右移动；反之，活塞带动工作台向左移动。其工作台的运动范围略大于缸有效长度的3倍，一般用于小型设备的液压系统。

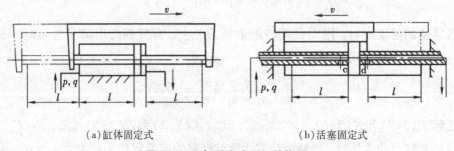

（a）缸体固定式　　　　　　　　　　　　（b）活塞固定式

图3-5　双杆活塞液压缸结构图

图3-5（b）所示为活塞固定式，液压油经空心活塞杆的中心孔及其活塞处的径向孔进、出液压缸，当缸的左腔进压力油、右腔回油时，缸体带动工作台向左移动；反之，缸体带动工作台向右移动。其运动范围略大于缸有效行程的2倍，常用于大、中型设备的液压系统。

双杆活塞液压缸的推力和速度可按照下式计算：

$$F = Ap = \frac{\pi}{4}(D^2 - d^2)p \qquad (3-7)$$

$$v = \frac{q}{A} = \frac{4q}{\pi(D^2 - d^2)} \qquad (3-8)$$

式中，A——液压缸有效工作面积；

F——液压缸的推力；

v——活塞（或缸体）的运动速度；

p——进油压力；

q——进入液压缸的流量；

D——液压缸内径；

d——活塞杆直径。

【任务实施】

完成下面实际工况中液压缸的运动参数的计算。

某液压设备其单杆活塞缸的缸筒内径为 $D = 100$ mm，活塞杆直径为 $d = 50$ mm，工作压力为 $p = 2$ MPa，流量为 $q = 10$ L/min，回油背压力为 $p_2 = 0.5$ MPa。试求活塞往返运动时的推力和运动速度。

【任务评价】

表 3-1 解析活塞式液压缸任务评价表

序号	能力点	掌握情况	序号	能力点	掌握情况
1	工作原理理解		3	推力计算理解	
2	速度计算理解		4	计算准确	

任务二 解析柱塞式液压缸和其他液压缸

【任务目标】

• 理解柱塞式液压缸的结构组成和工作原理；

• 了解其他类型液压缸的分类和应用场合。

【任务描述】

查阅图书和网络资料，掌握柱塞式液压缸及其他类型液压缸的结构组成和工作原理。

【知识与技能】

(一)柱塞式液压缸

柱塞缸结构图如图 3-6(a)所示。柱塞缸由缸筒 1、柱塞 2、导向套 3、密封圈 4 和压盖 5 等零件组成。柱塞由导向套 3 导向，与缸体内壁不接触，因而缸体内孔不需要精加工，工艺好，成本低。

柱塞端面受压，为了能输出较大的推力，柱塞一般较粗、较重。其水平安装时易产生单边磨损，故柱塞缸适宜垂直安装、使用。当水平安装时，为防止柱塞因自重而下垂，常制成空心柱塞，并设置支承套和托架。

柱塞缸只能实现单向运动，它的回程需借助自重或其他外力来实现。在龙门刨床、导轨磨床、大型拉床等大行程设备的液压系统中，为了使工作台得到双向运动，柱塞缸常成对使用，如图 3-6(b)所示。

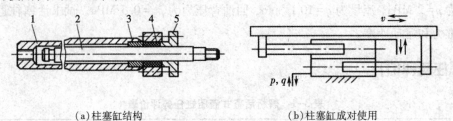

(a)柱塞缸结构   (b)柱塞缸成对使用

图 3-6　柱塞缸结构图

1—缸筒；2—柱塞；3—导向套；4—密封圈；5—压盖

(二)其他液压缸

1. 摆动缸

摆动缸又称摆动马达，是输出转矩并实现往复摆动的执行元件。它有单叶片和双叶片两种形式。如图 3-7 所示，它们由缸体 1、叶片 2、定子块 3、摆动输出轴 4、两端支承盘及端盖(图中未画出)等零件组成。定子块固定在缸体上，叶片与输出轴连为一体。当两油口交替通入压力油(交替接通油箱)时，叶片即带动输出轴做往复摆动。

单叶片摆动缸的摆动角一般不超过 280°。当其他结构尺寸相同时，双叶片摆动缸的输出转矩是单叶片摆动缸的 2 倍，而摆动角为单叶片缸的一半(一般不超过 150°)。

摆动缸常用于机床的送料装置、间歇进给机构、回转夹具、工业机器人手臂和手腕的回转装置及工程机械回转机构等的液压系统中。

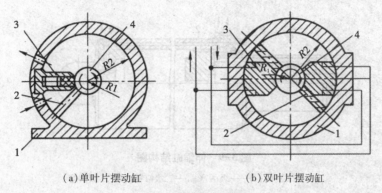

（a）单叶片摆动缸　　　　　　　　（b）双叶片摆动缸

图 3-7　摆动缸结构图

1—缸体；2—叶片；3—定子块；4—摆动输出轴

2. 增压缸

增压缸能将输入的低压油转变为高压油，供液压系统中的某一支油路使用。它由大、小直径分别为 D 和 d 的复合缸筒及有特殊结构的复合活塞等组成，其结构图如图 3-8 所示。

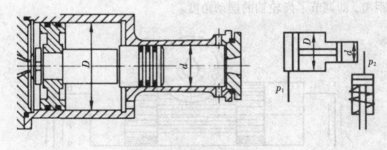

图 3-8　增压缸结构图

若输入增压缸大端的压力为 p_1，小端输出油的压力为 p_2，且不计摩擦阻力，则根据力学平衡关系得到排油压力为

$$p_2 = \frac{D^2}{d^2} p_1 = k p_1 \tag{3-9}$$

式中，k——增压比，$k = D^2/d^2$。

由式（3-9）可知，当 $D = 2d$ 时，$p_2 = 4p_1$，即可增压 4 倍。

应该指出，增压缸只能将高压端输出油液通入其他液压缸以获得大的推力，其本身不能直接作为执行元件。所以安装增压缸时应尽量使它靠近执行元件。增压缸常用于压铸机、造型机等设备的液压系统中。

3. 伸缩缸

伸缩缸由两级或多级活塞缸套装而成，其结构图如图 3-9 所示。前一级的活塞与后一级的缸筒连为一体。活塞伸出的顺序是先大后小，相应的推力也是由大到小，而伸出时的速度是由慢到快。活塞缩回的顺序一般是先小后大，而缩回的速度是由快到慢。

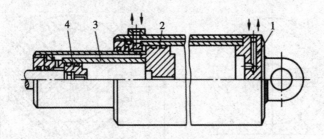

图 3-9   伸缩缸结构图

1—一级缸筒；2—一级活塞；3—二级缸筒；4—二级活塞

伸缩缸活塞杆伸出时行程大，而缩回后结构尺寸小，适用于起重运输车辆等占空间小的机械。例如，起重机伸缩臂缸、自卸汽车举升缸等。

4. 齿条活塞缸

齿条活塞缸由带齿条杆身的双活塞缸及齿条机构组成，其结构图如图 3-10 所示。它将活塞的直线往复运动转变为齿轮轴的往复摆动。调节缸两端盖上的螺钉，可调节活塞杆移动的距离，即调节了齿轮轴的摆动角度。

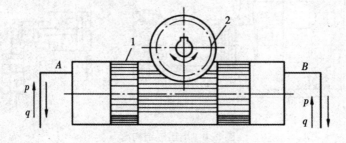

图 3-10   齿条活塞缸结构图

1—活塞；2—齿轮

齿条活塞缸常用于机械手、回转工作台、回转夹具、磨床进给系统等转位机构的驱动。

【任务实施】

- 查阅网络资料和图书，分析柱塞缸的结构组成及工作原理；
- 了解其他类型液压缸的结构组成及工作原理。

【任务评价】

表 3-2   解析柱塞式液压缸和其他液压缸任务评价表

序号	能力点	掌握情况	序号	能力点	掌握情况
1	柱塞式液压缸结构		3	其他液压缸结构	
2	柱塞式液压缸工作原理		4	其他液压缸工作原理	

任务三 液压缸的典型结构

【任务目标】

- 了解液压缸的典型结构；
- 掌握缓冲装置和排气装置的配置方法；
- 正确拆装液压缸。

【任务描述】

正确拆装液压缸，并指出该液压缸常见故障及维修方法。

【知识与技能】

图 3-11 所示为新系列液压滑台的液压缸结构图。它由后端盖 1、缸筒 2、活塞 3、活塞杆 4、前端盖等主要部分组成。为防止油液向外泄漏，或由高压腔向低压腔泄漏，在缸筒与端盖、活塞与活塞杆、活塞与缸筒、活塞杆与前端盖之间均设置有密封圈。在前端盖外侧还装有防尘圈。为防止活塞在快速退回到行程终端时撞击后端盖，液压缸端部还设置了缓冲装置。液压缸用螺钉固定在滑座上，活塞杆通过支架和滑台固定在一起，活塞杆移动时，即带动滑台往复运动。为增加连接刚度和改善连接螺钉的工作条件，在支架和滑台的接合面处放置了一个平键。

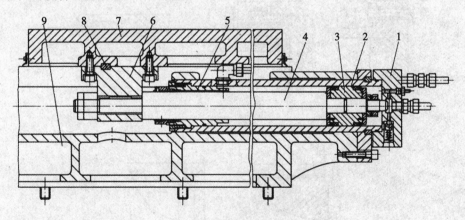

图 3-11 新系列液压滑台的液压缸结构图

1—后端盖；2—缸筒；3—活塞；4—活塞杆；5—导向套；6—支架；7—滑台；8—平键；9—滑座

归结起来，液压缸由缸体组件(缸筒、端盖等)、活塞组件(活塞、活塞杆等)、密封件和连接件等基本部分组成。此外，一般液压缸还设有缓冲装置和排气装置。因此，在进行液压缸设计时，应根据工作压力、运动速度、工作条件、加工工艺及装拆检修等方面的要求综合考虑缸的各部分结构。

(一)缸体组件

缸体组件与活塞组件构成密封的容积腔，承受油压。因此缸体组件要有足够的强度、较高的表面精度和可靠的密封性。

1. 缸体组件的连接形式

常见缸体组件的连接形式如图 3-12 所示。

法兰式连接结构简单，加工方便，连接可靠，但要求缸筒端部有足够的壁厚用以穿装螺栓或旋入螺钉。缸筒端部一般用铸造、焊接方法制成粗大的外径。它是常用的一种连接形式。

半环式连接分外半环连接和内半环连接两种。半环式连接工艺性好、连接可靠、结构紧凑，但削弱了缸筒强度。半环式连接是应用十分普遍的一种连接形式，常用于无缝钢管缸筒与端盖的连接。

螺纹式连接有外螺纹连接和内螺纹连接两种，其特点是体积小、重量轻、结构紧凑，但缸筒端部结构较复杂。这种连接形式一般用于要求外形尺寸小、重量轻的场合。

拉杆式连接结构简单，工艺性好，通用性强，但端盖的体积和重量较大，拉杆受力后会拉伸变长，影响密封效果，只适用于长度不大的中低压缸。

焊接式连接强度高，制造简单，但焊接时易引起缸筒变形。

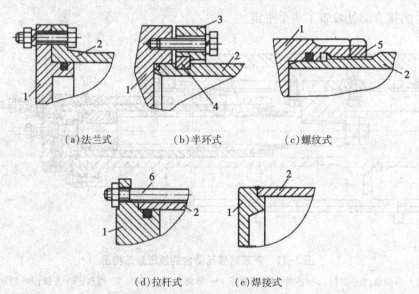

(a)法兰式 (b)半环式 (c)螺纹式

(d)拉杆式 (e)焊接式

图 3-12 常见缸体组件的连接形式

1—缸盖；2—缸筒；3—压板；4—半环；5—防松螺母；6—拉杆

2. 缸筒、端盖和导向套

缸筒是液压缸的主体，其内孔一般采用铰孔、滚压或研磨等精密加工工艺制造，要求表面粗糙度值为 0.1~0.4 μm，以使活塞及其密封件、支承件能顺利滑动，保证密封效果，减少磨损。缸筒要承受很大的液压力，因此应具有足够的强度和刚度。

端盖装在缸筒两端，与缸筒形成密封油腔，同样承受很大的液压力，因此它们及其连接部件都应有足够的强度。端盖在设计时既要考虑强度，又要选择工艺性较好的结构形式。

导向套对活塞杆或柱塞起导向和支承作用，有些液压缸不设导向套，直接用端盖孔导向，虽然这种液压缸结构简单，但磨损后必须更换端盖。

(二)活塞组件

活塞组件由活塞、活塞杆和连接件等组成。随工作压力、安装方式和工作条件的不同，活塞组件有多种结构形式。

1. 活塞组件的连接形式

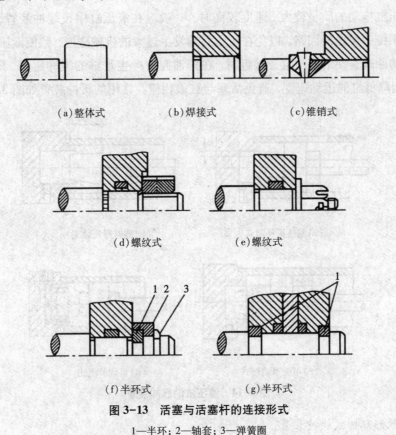

(a)整体式　　　(b)焊接式　　　(c)锥销式

(d)螺纹式　　　　(e)螺纹式

(f)半环式　　　　(g)半环式

图 3-13　活塞与活塞杆的连接形式

1—半环；2—轴套；3—弹簧圈

活塞与活塞杆的连接形式如图 3-13 所示。整体式连接[图 3-13(a)]和焊接式连接[图 3-13(b)]虽结构简单、轴向尺寸紧凑，但损坏后需要整体更换。锥销式连接

［图 3-13(c)］虽加工容易、装配简单，但其承载能力小，且需有必要的防止脱落措施。螺纹式连接［图 3-13(d)(e)］虽结构简单、装拆方便，但一般需备有螺母防松装置。半环式连接［图3-13(f)(g)］虽强度高，但结构复杂、装拆不便。在轻载情况下，可采用锥销式连接；一般情况下使用螺纹式连接；高压和振动较大时，多用半环式连接；对活塞与活塞杆比值(D/d)较小、行程较短或尺寸不大的液压缸，其活塞与活塞杆可采用整体式或焊接式连接。

2. 活塞和活塞杆

活塞受油压的作用在缸筒内做往复运动，因此，活塞必须具有一定的强度和良好的耐磨性。其一般用铸铁制造。

活塞杆是连接活塞和工作部件的传力零件，它必须有足够的强度和刚度。活塞杆无论是实心的还是空心的，通常都用钢料制造。活塞杆在导向套内做往复运动，其外圆表面应当耐磨并有防锈能力，故活塞杆外圆表面有时需镀层。

(三)缓冲装置

当液压缸拖动的质量较大、速度较高时，一般应在液压缸中设缓冲装置，必要时还需在液压系统中设缓冲回路，以免在行程终端发生过大的机械碰撞，致使液压缸损坏。

缓冲的原理是使活塞与缸盖接近时，在排油腔内产生足够的缓冲压力，即增大回油阻力，从而降低缸的运动速度，避免活塞与缸盖相撞。常用的缓冲装置如图 3-14 所示。

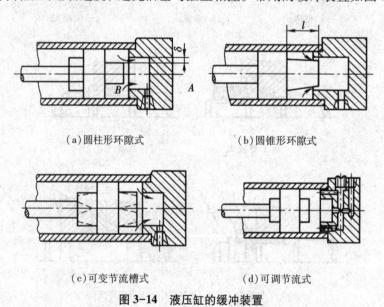

(a)圆柱形环隙式　　　　　　　　(b)圆锥形环隙式

(c)可变节流槽式　　　　　　　　(d)可调节流式

图 3-14　液压缸的缓冲装置

1. 圆柱形环隙式缓冲装置

圆柱形环隙式缓冲装置如图 3-14(a)所示。当缓冲柱塞进入缸盖上的内孔时，缸盖和活塞间形成缓冲油腔 B，被封闭油液只能从环形间隙 δ 排出，产生缓冲压力，从而实现减速缓冲。这种装置在缓冲过程中，由于其节流面积不变，故缓冲开始时，产生的缓冲制动力很大，但很快就降低了，故其缓冲效果较差。这种装置结构简单，便于设计和降低制造成本，所以在一般系列化的成品液压缸中多采用这种缓冲装置。

2. 圆锥形环隙式缓冲装置

圆锥形环隙式缓冲装置如图 3-14(b)所示。由于缓冲柱塞为圆锥形，所以缓冲环形间隙 δ 随位移量改变，即节流面积随缓冲行程的增大而缩小，使机械能的吸收较均匀，其缓冲效果较好。

3. 可变节流槽式缓冲装置

可变节流槽式缓冲装置如图 3-14(c)所示。在缓冲柱塞上开有由浅入深的三角节流沟槽，节流面积随着缓冲行程的增大而逐渐减小，缓冲压力变化平缓。

4. 可调节流式缓冲装置

可调节流式缓冲装置如图 3-14(d)所示。在缓冲过程中，缓冲腔油液经小孔节流排出；调节节流孔的大小，可控制缓冲腔内缓冲压力的大小，以适应液压缸不同的负载和速度工况对缓冲的要求；同时当活塞反向运动时，高压油从单向阀进入液压缸内，活塞也不会因推力不足而产生启动缓慢或困难等现象。

(四)排气装置

液压系统往往会混入空气，使系统工作不稳定，产生振动、爬行和前冲等现象，严重时会使系统不能正常工作。因此，设计液压缸时必须考虑空气的排除。

对于要求不高的液压缸往往不设专门的排气装置，而是将油口布置在缸筒两端的最高处，这样也能使空气随油液排往油箱，再从油液中逸出。对于速度稳定性要求较高的液压缸和大型液压缸，常在液压缸的最高处设置专门的排气装置，如排气塞、排气阀等。图 3-15 所示为排气塞结构图，当松开排气塞螺钉时，带有气泡的油液就会排出，空气排完后拧紧螺钉，液压缸便可正常工作。

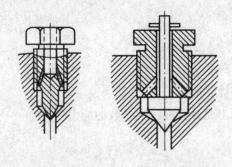

图 3-15 排气塞结构图

【任务实施】

1. 液压缸的拆卸

第一步，将液压缸两端的端盖与缸筒的连接螺栓取下。

第二步，依次取下端盖、活塞组件、端盖与缸筒端面之间的密封圈、缸筒。

第三步，分解端盖、活塞组件等。

第四步，拆除连接件。

第五步，依次取下活塞、活塞杆及密封元件。

2. 液压缸的装配

（1）对待组装零件进行合格性检查，特别是运动副的配合精度和表面状态。注意去除所有零件上的毛刺、飞边、污垢，清洗要彻底、干净。

（2）在缸筒内表面及密封圈上涂上润滑脂。

（3）将活塞组件按照结构组装好。将活塞组件装入缸筒内，检查活塞在缸筒内移动情况：活塞应运动灵活，无阻滞和轻重不均匀现象。

（4）将左、右端盖和缸筒组装好。拧紧端盖连接螺钉时，要依次对称地施力，且用力要均匀，要使活塞杆在全长运动范围内，可灵活地运动。

【任务评价】

表 3-3　液压缸的典型结构任务评价表

序号	能力点	掌握情况	序号	能力点	掌握情况
1	安全操作		4	清洗方法、效果	
2	拆卸顺序		5	安装质量	
3	零部件功能分析				

任务四　液压缸主要尺寸计算

【任务目标】

• 掌握液压缸参数的计算方法；
• 具备能够根据实际工况计算液压缸参数的能力。

【任务描述】

根据实际工况计算液压缸参数。

【知识与技能】

液压缸一般是标准件，但有时需要选用计算或设计及强度校核等。液压缸尺寸如图 3-16 所示。

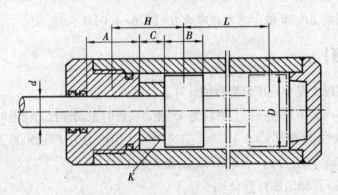

图 3-16　液压缸尺寸

(一)液压缸内径(D)

液压缸内径要根据总负载(F)和初定的工作压力(p)来确定。一般不考虑机械效率，也不考虑回油背压小的问题，常由无杆腔进油，则液压缸内径(D)的计算公式为

$$D = \sqrt{\frac{4F_1}{\pi p}} \tag{3-10}$$

也可根据油缸运动速度和输入流量来计算确定液压缸内径(D)。

(二)活塞杆直径

根据液压缸往返速比计算出活塞杆直径为 $d = \sqrt{\dfrac{\lambda - 1}{\lambda}} D$。液压缸工作压力与活塞杆直径的关系如表 3-4 所示。

表 3-4　液压缸工作压力与活塞杆直径的关系

液压缸工作压力(p)/MPa	<5	5~7	≥7
活塞杆直径(d)	$(0.50\sim0.55)D$	$(0.6\sim0.7)D$	$>0.7D$

注：D，d 的计算结果需按照国标圆整。

必要时活塞杆直径(d)需按照强度校核，$[\sigma]$ 为活塞杆材料的许用应力，则

$$d \geqslant \sqrt{\frac{4F}{\pi[\sigma]}} \tag{3-11}$$

(三)缸筒壁厚选择或校核计算

常用中、高压无缝钢管薄壁缸筒($\delta/D \leqslant 0.1$)，则壁厚

$$\delta \geqslant \frac{p_{max}D}{2[\sigma]} \tag{3-12}$$

式中，$[\sigma]$——活塞杆材料的许用应力；

　　　p_{max}——缸筒的最大压力。

(四)缸筒长度确定

缸筒长度主要由液压缸最大行程(L)、活塞宽度、导向套长度等相加的长度来确定，

一般不大于内径的 $20 \sim 30$ 倍。活塞宽度为 $B = (0.6 \sim 1.0)D$。

【任务实施】

完成下列实际工况中液压缸参数的计算。

某工厂需要一个单杆液压缸，材料为 $45^{\#}$ 钢，快进时差动连接，快退时有杆腔进压力油，快进、快退的速度都是 $v = 0.1 \text{ m/s}$，工进时需产生推力为 $F = 25000 \text{ N}$。已知输入流量为 $q = 25 \text{ L/min}$，背压为 $p_2 = 0.2 \text{ MPa}$，试设计选用：

(1) 缸筒内径 D 和活塞杆直径 d；

(2) 缸筒壁厚是多少？

(3) 确定液压缸厂家型号（活塞杆铰接，缸筒固定）。

【任务评价】

表 3-5　液压缸主要尺寸计算任务评价表

序号	能力点	掌握情况	序号	能力点	掌握情况
1	参数计算公式的理解		4	查阅资料能力	
2	计算公式的应用		5	选型能力	
3	计算准确				

任务五　液压马达

【任务目标】

- 理解液压马达的结构和工作原理；
- 掌握液压马达的参数计算；
- 了解液压马达的分类及应用。

【任务描述】

根据实际工况计算液压马达参数。

【知识与技能】

液压马达和液压泵在结构上是基本相同的，从原理上讲，液压马达可以作为液压泵使用，液压泵也可以作为液压马达使用。事实上，由于两者的使用目的不一样，导致它们在结构上的某些差异。例如，液压马达需要正、反转，所以在内部结构上应具有对称性,其进、出油口大小相等;而液压泵一般是单方向旋转,因而没有这一要求,为了改善吸油性能,其吸油口往往大于压油口,故只有少数泵能当作马达使用。

(一)液压马达的分类

液压马达的形式很多。按照转速的不同,液压马达可分为高速和低速两大类。一般认为额定转速高于 500 r/min 的属于高速马达,额定转速低于 500 r/min 的属于低速马达。按照运动构件的形状和运动方式,分为齿轮马达、叶片马达、柱塞马达和螺杆马达。按照排量可否调节,液压马达可分为定量马达和变量马达两大类。其中,变量马达又可分为单向变量马达和双向变量马达。液压马达的图形符号见图 3-17 所示。

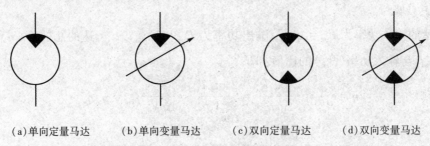

(a)单向定量马达　　(b)单向变量马达　　(c)双向定量马达　　(d)双向变量马达

图 3-17　液压马达的图形符号

(二)液压马达的主要性能参数

在液压马达的各项性能参数中,压力、排量、流量等参数与液压泵同类参数有相似的含义,其原则差别在于:在液压泵中它们是输出参数,在液压马达中则是输入参数。从液压马达的输出来看,其主要性能表现为转速、转矩和效率。

1. 容积效率和转速

因为液压马达存在泄漏,输入马达的实际流量(q_m)必然大于理论流量(q_{mt}),故液压马达的容积效率为

$$\eta_{mv} = \frac{q_{mt}}{q_m} \tag{3-13}$$

将 $q_{mt} = V_m n_m$ 代入式(3-13),可得液压马达的转速公式为

$$n_m = \frac{q_m}{V_m} \eta_{mv} \tag{3-14}$$

式中,V_m——液压马达的排量;

n_m——转速。

2. 机械效率和转矩

由于液压马达工作时存在摩擦,它的实际输出转矩(T_m)必小于理论转矩(T_{mt}),故液压马达的机械效率为

$$\eta_m = \frac{T_m}{T_{mt}} \tag{3-15}$$

设马达进、出口间的工作压差为 Δp，则马达的理论功率(忽略能量损失时)表达式为

$$P_{mt} = 2\pi n T_{mt} = \Delta p q_{mt} = \Delta p V_m n_m \qquad (3-16)$$

则

$$T_{mt} = \frac{\Delta p V_m}{2\pi} \qquad (3-17)$$

将式(3-17)代入式(3-15)，可得液压马达的输出转矩公式为

$$T_m = \frac{\Delta p V_m}{2\pi} \eta_m \qquad (3-18)$$

3. 总效率

马达的输入功率为 $P_{mi} = \Delta p q_m$，输出功率为 $P_{mo} = 2\pi n_m t_m$，马达的总效率(η)为输出功率(P_{mo})与输入功率(P_{mi})的比值，即

$$\eta = \frac{P_{mo}}{P_{mi}} = \frac{2\pi n_m T_m}{\Delta p q_m} = \frac{2\pi n_m T_m}{\Delta p \dfrac{V_m n_m}{\eta_{mv}}} = \frac{T_m}{\dfrac{\Delta p V_m}{2\pi}} \eta_{mv} = \eta_m \eta_{mv} \qquad (3-19)$$

由式(3-19)可知，液压马达的总效率等于机械效率与容积效率的乘积。

(三)齿轮马达

电动机带动齿轮泵工作时，要输入一定的转矩以克服输出的压力油作用在齿轮上的阻力矩；如果不用电动机，而将压力油输入齿轮泵，则压力油作用在齿轮上的转矩将使齿轮回转，并可在齿轮的传动轴上输出一定的转矩，这时齿轮泵就成为齿轮马达。因此，一般的齿轮泵都可用作马达，但不能双向转动，它们的结构基本上是一致的。

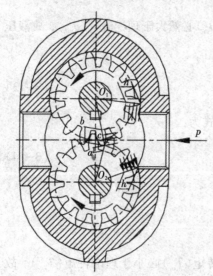

图 3-18 齿轮马达产生转矩工作原理图

齿轮马达产生转矩工作原理图如图 3-18 所示，图中 c 为两齿轮的啮合点，设齿轮的齿高为 h，啮合点 c 到齿根的距离分别为 a 和 b。由于 a 和 b 都小于 h，所以当压力油作用在齿面上时(如图中箭头所示，凡轮齿两边受力平衡的部分都未用箭头表示)，在两个齿轮上就各有一个使它们产生转矩的作用力 $pB(h-a)$ 和 $pB(h-b)$，其中 p 为输入油液的压力，B 为齿宽。在上述作用力下，两齿轮按照图3-18 所示方向回转，并把油液带到低压腔排出。

和一般齿轮泵一样，齿轮马达由于密封性较差，容积效率较低，所以输入的油压不能过高，因而不能产生较大转矩，并且它的转速和转矩都是随着齿轮的啮合情况而脉动的。因此，齿轮马达一般多用于高转速、低转矩的情况。

（四）叶片马达

叶片马达工作原理图如图 3-19 所示，当压力为 p 的油液从进油口进入叶片之间时，位于进油腔中的叶片 5 因两面均受压力油作用，所以不产生转矩。位于封油区的叶片，一面受压力油作用，另一面受排回油箱的低压油作用，所以能产生转矩。同时叶片 1，3 和叶片 2，4 受力方向相反，即叶片 1，3 产生的转矩使转子顺时针回转，叶片 2，4 产生的转矩使转子逆时针回转；但因 1，3 叶片伸出长，作用面积大，产生的转矩大于叶片 2，4 产生的转矩，因此转子做顺时针方向回转。叶片 1，3 和叶片 2，4 产生的转矩差就是叶片马达的输出转矩。当定子的长短径差值越大，转子的直径越大，以及输入油压越高时，马达的输出转矩也越大。当改变输油方向时，马达反转。叶片马达一般是双作用式的定量马达，马达的输出转矩(M)取决于输入的油压(p)，马达的转速(n)取决于输入的流量(q)。

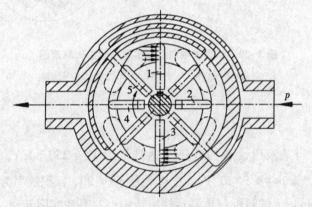

图 3-19　叶片马达工作原理图

叶片马达的体积小，转动惯量小，因此动作灵敏，可适应的换向频率较高。但其泄漏较大，不能在很低的转速下工作。所以，叶片马达一般适用于高速、低转矩及要求动作灵敏的工作场合。

（五）轴向柱塞马达

轴向柱塞式液压马达有定量和变量两类，其中定量马达按照其结构不同，可分为斜盘式和斜轴式两种，下面着重介绍最常见的斜盘式轴向柱塞定量马达。

斜盘式轴向柱塞定量马达工作原理图如图 3-20 所示。斜盘 1 和配油盘 4 固定不动，柱塞 3 轴向地放在缸体 2 中，缸体 2 和马达轴 5 相连在一起旋转。斜盘的中心线和缸体的中心线相交成一个倾角，当压力油通过配油盘上的配油窗口输入缸体上的柱塞孔时，压力油把柱塞孔中的柱塞顶出，使之压在斜盘上。斜盘对柱塞的反作用力 F 垂直于斜盘表面，这个力的水平分量为 F_x，与柱塞上的液压力平衡；而垂直分量 F_y 则使每个柱塞都对转子中心产生一个转矩，使缸体与马达轴做逆时针方向旋转。如果改变马达压力油的输入方向(如从配油盘右侧的配油窗口通入压力油)，则马达轴做顺时针方向旋转。

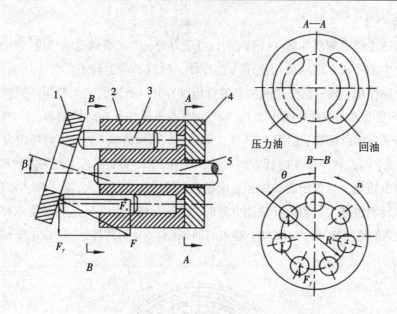

图 3-20　斜盘式轴向柱塞定量马达工作原理图

1—斜盘；2—缸体；3—柱塞；4—配油盘；5—马达轴

【任务实施】

实际生产中，当某液压设备的液压马达排量为 $V_{\mathrm{m}} = 250$ mL/r、入口压力为 $p_1 =$ 9.8 MPa、出口压力为 $p_2 = 4.9 \times 10^5$ Pa、总效率为 $\eta = 0.90$、容积效率为 $\eta_{\mathrm{mv}} = 0.92$、输入流量为 $Q = 22$ L/min 时，试解析：① 马达输出转矩；② 马达实际转速。

【任务评价】

表 3-6　液压马达任务评价表

序号	能力点	掌握情况	序号	能力点	掌握情况
1	参数计算公式的理解		4	液压马达原理	
2	计算公式的应用		5	选型能力	
3	计算准确				

项目四　解析液压控制元件

【背景知识】

液压控制阀（简称液压阀）在液压系统中被用来控制液流的方向或调节其压力和流量，以保证执行元件按照负载的需求进行工作。液压阀的品种繁多，即使同一种阀，由于应用场合不同，因此用途也有所差异。所以，掌握液压阀的基本结构和控制机理是本项目学习的关键。

任务一　液压控制元件的认识

【任务目标】

- 理解液压控制元件的结构组成及工作原理；
- 了解液压控制元件的分类及性能参数。

【任务描述】

观察液压控制元件实物，查找相关资料，对比、区分、辨别各种控制元件，了解阀的作用及分类。

【知识与技能】

（一）液压阀的基本结构与原理

液压阀的基本结构主要包括阀芯、阀体和驱动阀芯在阀体内做相对运动的装置。阀芯的主要形式有滑阀、锥阀和球阀；阀体上除了有与阀芯配合的阀体孔或阀座孔外，还有外接油管的进、出油口；驱动装置可以是手调机构，也可以是弹簧或电磁铁，有时还作用有液压力。液压阀正是利用阀芯在阀体内的相对运动来控制阀口的通断及开口大小，以实现对压力、流量和方向的控制。

液压阀工作时始终满足压力流量方程，即流经阀口的流量（q）与阀口前、后压差（Δp）和阀口面积有关。至于作用在阀芯上的力是否平衡，则需要具体分析。

（二）液压阀的分类

1. 根据结构形式分类

（1）滑阀［图4-1（a）］。

滑阀阀芯为圆柱形，阀芯轴肩与轴的直径分别为 D 和 d，进、出油口对应的阀体上开有沉割槽，一般为全圆周。阀芯在阀体孔内做相对运动，用于开启或关闭阀口。图4-1（a）所示为阀口开度，p_1 和 p_2 为阀进、出口压力。由流体力学可知，阀口压力流量方程为

$$q = C_d \pi D x \sqrt{\frac{2}{\rho}(p_1 - p_2)} \tag{4-1}$$

式中，C_d——流量系数。

阀芯上的稳态液动力为

$$F_s = 2C_d \pi D x \cos\theta(p_1 - p_2) \tag{4-2}$$

因滑阀为间隙密封，因此，为保证封闭油口的密封性，除阀芯与阀体孔的径向间隙应尽可能小外，还需要有一定的密封长度。这样，在开启阀口时阀芯需先移动一段距离（等于密封长度），即滑阀的运动存在一个"死区"。

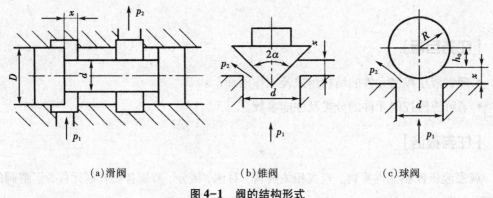

（a）滑阀　　　　　　　（b）锥阀　　　　　　　（c）球阀

图4-1　阀的结构形式

（2）锥阀［图4-1（b）］。

锥阀阀芯半锥角（α）一般为 $12° \sim 20°$，有时为 $45°$。当阀口关闭时，其为线密封，不仅密封性能好，而且开启阀口时无"死区"，阀芯稍有位移即开启，动作灵敏。阀座孔直径为 d，阀口开度为 x，进、出口压力分别为 p_1 与 p_2，锥阀阀口的压力流量方程和液动力表达式如下：

$$q = C_d \pi d x \sin\alpha \sqrt{\frac{2}{\rho}(p_1 - p_2)} \tag{4-3}$$

$$F_s = C_d \pi d x \sin 2\alpha(p_1 - p_2) \tag{4-4}$$

因一个锥阀只能有一个进油口和一个出油口，因此又称为二通锥阀。

（3）球阀［图4-1（c）］。

球阀的性能与锥阀相同，阀口的压力流量方程为

$$q = C_d \pi d h_0 \frac{x}{R} \sqrt{\frac{2}{\rho}(p_1 - p_2)} \tag{4-5}$$

式中，R 是钢球半径；$h_0 = \sqrt{R^2 - (d/2)^2}$；其他符号同锥阀。

2. 根据用途不同分类

（1）压力控制阀。

压力控制阀是用来控制或调节液压系统液流压力及利用压力实现控制的阀类，如溢流阀、减压阀、顺序阀等。

（2）流量控制阀。

流量控制阀用来控制或调节液压系统液流流量的阀类，如节流阀、调速阀、二通比例流量阀、溢流节流阀、三通比例流量阀等。

（3）方向控制阀。

方向控制阀是用来控制和改变液压系统中液流方向的阀类，如单向阀、液控单向阀、换向阀等。

3. 根据控制方式不同分类

（1）定值或开关控制阀。

定值或开关控制阀是被控制量为定值或通过阀口启闭控制液流通路的阀类，包括普通控制阀、插装阀、叠加阀。

（2）电-液比例控制阀。

电-液比例控制阀是被控制量与输入电信号成比例连续变化的阀类，包括普通比例阀和带内反馈的电-液比例阀。

（3）伺服控制阀。

伺服控制阀是被控制量与输入信号及反馈量成比例连续变化的阀类，包括机-液伺服阀和电-液伺服阀。

（4）数字控制阀。

数字控制阀是用数字信息直接控制阀口的启闭来控制液流的压力、流量、方向的阀类。

4. 根据安装连接形式不同分类

（1）管式连接阀。

管式连接阀阀体进、出油口由螺纹或法兰直接与油管连接，安装方式简单，但元件分散布置，装卸、维修不大方便。

（2）板式连接阀。

板式连接阀阀体进、出油口通过连接板与油管连接，或安装在集成块侧面由集成块连通阀与阀之间的油路，并外接液压泵、液压缸、油箱。这种连接形式中，元件集中布

置，操纵、调整、维修都比较方便。

（3）插装阀。

插装阀根据不同功能将阀芯和阀套单独做成组件（插入件），插入专门设计的阀块组成回路，不仅结构紧凑，而且具有一定的互换性。

（4）叠加阀。

叠加阀是在板式连接阀的基础上发展的，阀的上、下面为安装面，阀的进、出油口分别在这两个面上。使用时，相同通径、功能各异的阀通过螺栓串联叠加安装在底板上，对外连接的进、出油口由底板引出。

（三）液压阀的性能参数

1. 公称通径

公称通径代表阀的通流能力的大小，对应于阀的额定流量。与阀的进、出油口连接的油管的规格应与阀的通径相一致。阀工作时的实际流量应小于或等于它的额定流量，最大实际流量不得大于额定流量的 1.1 倍。

2. 额定压力

额定压力是液压控制阀长期工作所允许的最高压力。对压力控制阀，实际最高压力有时还与阀的调压范围有关；对换向阀，实际最高压力还可能受其功率极限的限制。

（四）对液压阀的基本要求

（1）动作灵敏，使用可靠，工作时冲击和振动要小、噪声要低。

（2）阀口开启时，作为方向阀，液流的压力损失要小；作为液压阀，阀芯工作的稳定性要好。

（3）所控制的参量（压力或流量）稳定，受外界干扰时变化量要小。

（4）结构紧凑，安装、调试、维护方便，通用性好。

【任务实施】

• 辨别各类液压控制阀；

• 指出各个阀的作用；

• 观察阀的分类方法；

• 说出阀铭牌上各参数的含义。

【任务评价】

表 4-1 液压控制元件的认识任务评价表

序号	能力点	掌握情况	序号	能力点	掌握情况
1	分析能力		3	类比能力	
2	归纳能力				

任务二　解析方向控制阀

【任务目标】

- 掌握方向控制阀的作用及分类;
- 掌握换向阀"位""通"的含义;
- 掌握方向控制阀的操作方法;
- 掌握方向控制阀的工作原理、性能特点及应用;
- 掌握三位换向阀的中位机能及应用场合。

【任务描述】

拆装单向阀、液控单向阀、二位二通换向阀、三位四通换向阀,掌握方向控制阀的工作原理、性能特点及应用,并了解方向控制阀的常见故障现象及排除方法。

【知识与技能】

(一) 单向阀

单向阀用来控制油路的通断,它的作用是使油液只能一个方向流动。由于它关闭较严,常在回路中起保持部分回路压力的作用,也常与其他阀组成复合阀。

1. 普通单向阀

普通单向阀可制成直通式或直角式,其作用是控制液流只能单方向流动,而不能反向流动。直通式单向阀结构见图 4-2(a),其优点是结构简单,缺点是装于系统后更换弹簧不便,容易产生振动与噪声。直角式单向阀的优点是阀芯内腔不作液流通道,振动与噪声小,更换弹簧方便。单向阀的图形符号见图 4-2(b)。

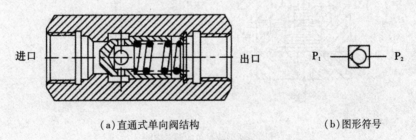

进口　　　　　　　　　　　　　　出口　　　P_1 —◇— P_2

(a)直通式单向阀结构　　　　　　　　(b)图形符号

图 4-2　单向阀

对单向阀的性能要求:动作灵敏、噪声小、密封性能好。单向阀作防止反向油流用时,开启压力小,全流量损失为 0.1~0.3 MPa。单向阀作背压阀用时,可根据需要更换弹簧。图4-3(a)所示为单向阀的应用实例，回路中采用内控内回式电液换向阀，背压阀使系统在卸荷时仍保持一定压力，供控制油路使用。图4-3(b)所示为单向阀安装在泵出油口，可以防止由于系统压力突然升高而损坏液压泵。

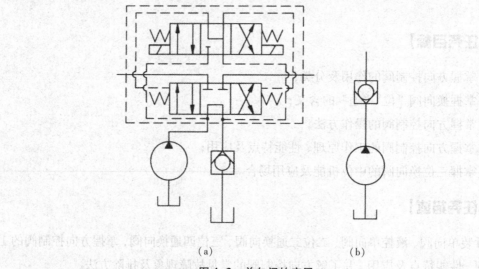

(a)   (b)

图4-3　单向阀的应用

2. 液控单向阀

　　液控单向阀在未引入控制压力油时能阻止反向流动，在引入控制压力油后能使反向液流通过。它由锥形单向阀和液控部分组成。图4-4(a)所示为普通型液控单向阀结构图。

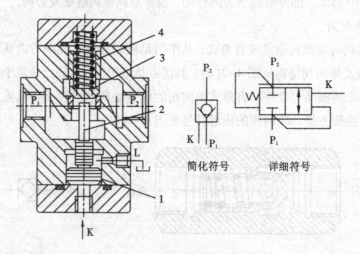

简化符号　　　详细符号

(a)普通型液控单向阀结构图

1—控制活塞；2—推杆；3—阀芯；4—弹簧

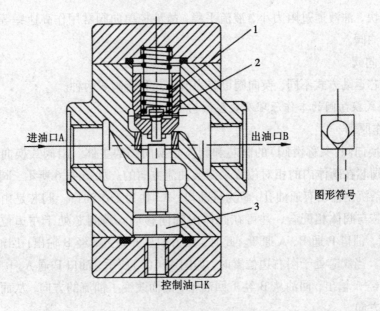

（b）带卸荷阀的液控单向阀结构图
1—单向阀；2—卸荷阀芯；3—控制活塞
图4-4 液控单向阀

图4-4(b)为高压用带卸荷阀的液控单向阀结构图。当控制油口 K 不通压力油时，油只能由 A 口进入、B 口出油，反向液流不能通过，与普通单向阀作用相同。当控制口 K 通压力油时，控制活塞 3 上升，先顶起卸荷阀芯 2，使上腔油液通过卸荷阀芯 2 泄出一部分而后降压，将压力降到一定值后，控制活塞 3 把单向阀 1 打开，这时反向也可以自由通油。这样就可以用较小的控制压力打开单向阀，控制活塞 3 的直径也可减小，使结构紧凑。

换向阀等阀类元件是依靠间隙密封的，故存在泄漏；而单向阀是用锥面密封的，所以能保持密封压力。图4-5所示为液控单向阀应用实例。图4-5(a)所示结构用于保持油缸压紧工件后的压力；图4-5(b)所示结构用于保持油缸下腔压力，使立式油缸不因重力而下降；图4-5(c)所示结构用于油缸的快放油。由于锥形阀的通径可以做得较大，阀

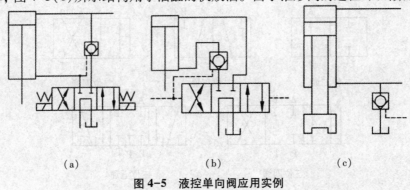

（a） （b） （c）
图4-5 液控单向阀应用实例

的开启速度快，油液通过阻力小，液流平稳，故液控单向阀常用作高速锤等快速行程油缸的快速放油阀。

（二）换向阀

根据阀芯运动方式不同，换向阀可分为滑阀式和转阀式两种。

1. 滑阀式换向阀的工作原理及典型结构

（1）工作原理。

滑阀式换向阀（又称滑阀）的阀芯和阀体是换向阀的主体。滑阀式换向阀是靠移动阀芯、改变阀芯在阀体内的相对位置来变换油流方向的。如图 4-6 所示，阀体孔有五条沉割槽，每条沉割槽均有通油孔，P 为进油口，A，B 为工作油口。阀芯是由三个凸肩的圆柱体、阀芯与阀体相配合，并可在阀体内轴向移动。当阀芯处于左边位置时，如图 4-6(a)所示，油口 P 通 B、A 通 T。此时，压力油从 P 进入，经 B 输出；回油从 A 流入，经 T 回油箱。当阀芯处于图右边位置时，如图 4-6(b)所示，油口 P 通 A、B 通 T。此时，压力油从 P 经 A 输出，回油从 B 经 T 回油箱，因而改变了油流的方向，从而改变了执行元件的运动方向。

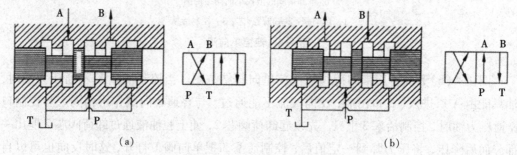

（a）　　　　　　　　　（b）

图 4-6　换向阀工作原理图

（2）典型结构。

滑阀式换向阀按照阀芯的可变位置数，可分为两位、三位等，通常用一个方框代表一个位置；按照主油路进、出口的数目，又可分为二通、三通、四通、五通等，表达方式是在相应位置的方框内表示油口的数目及通道的方向（如图 4-7 所示）。图中箭头只表示油道，不表示油流方向，即油液可以按照箭头反方向流。

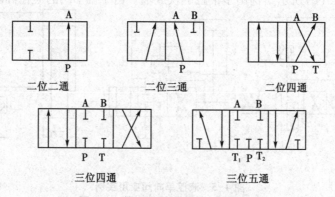

二位二通　　　　二位三通　　　　二位四通

三位四通　　　　　三位五通

图 4-7　换向阀的位置数和通路符号

　　根据改变阀芯位置的操纵方式不同，换向阀可分为手动、机动、电磁、液动和电液动换向阀。换向阀职能符号是按照不同的位数、通道及操纵方式组合而成的，如图 4-8 所示。

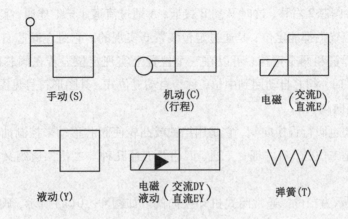

图 4-8　换向阀操纵方式符号

2. 常用换向阀工作原理分析

（1）手动换向阀。

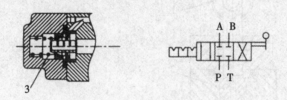

（a）弹簧钢球定位式结构

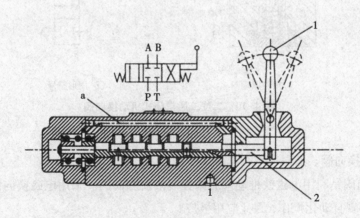

（b）弹簧自动复位式结构

图 4-9　手动换向阀（三位四通）

1—手柄；2—阀芯；3—定位装置

图 4-9 所示为手动换向阀(三位四通)，其中图 4-9(a)为三位四通弹簧钢球定位式手动滑阀。P 为压力油入口，A，B 分别接液压缸(或液压马达)，T 为回油口。流道 a 和回油口 T 相通。当手柄 1 上端向右扳时，阀芯 2 左移，P 和 A 接通，B 和 T 接通。当手柄 1 上端向左扳时，阀芯 2 右移，这时 P 和 B 接通，A 通过流道 a 与 T 连通，实现了换向。阀芯在三个工作位置上都能定位，是通过定位装置 3 实现的。它是在阀芯右端的一个径向孔中装有一个弹簧和两个钢球，可以在三个位置上实现定位。若在阀芯两端都装上弹簧，放松手柄 1 时，阀芯自动回到中位，称为自动复位式，其图形符号见图 4-9(b)。

（2）机动换向阀。

机动换向阀也叫行程换向阀，它是用挡铁或凸轮使阀芯移动来控制油流方向的。机动换向阀通常是二位的，有二通、三通、四通及五通几种。二位二通阀又有常闭及常通两种。

图 4-10 所示为二位二通常闭式机动换向阀。如图 4-10(a)所示，阀芯 2 被弹簧 3 压向上端，油腔 P 和 A 不通。当挡铁压住滚轮 1 使阀芯 2 移到下端时，就使油腔 P 和 A 接通。图 4-10(b)是其图形符号。

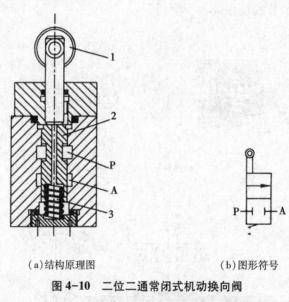

（a）结构原理图　　　　　　（b）图形符号

图 4-10　二位二通常闭式机动换向阀

1—滚轮；2—阀芯；3—弹簧

（3）电磁换向阀。

电磁换向阀是利用电磁铁推动阀芯来控制液流方向的。采用电磁换向阀可以使操作轻便，容易实现自动化操作，因此应用极广。

图 4-11 所示为三位四通电磁换向阀。它两边各有一个电磁铁，当两边电磁铁均不通电时，阀芯在两端对中弹簧的作用下处于中间位置，进油口 P、回油口 T、工作口 A 和 B 四个通道均不相通。当右边的电磁铁通电时，铁芯通过推杆将阀芯推向左边，P，A 两

腔及 B，T 两腔各自相通。当左边的电磁铁通电时，同理可使 P，B 两腔及 A，T 两腔相通。

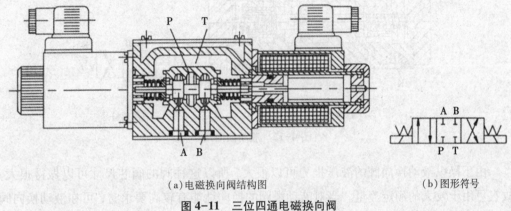

（a）电磁换向阀结构图　　　　　　　　　　　　　（b）图形符号

图 4-11　三位四通电磁换向阀

综上所述，电磁换向阀只是采用电磁铁来操纵滑阀阀芯运动，而阀芯的结构及形式可以是各种各样的，所以电磁滑阀可以是二位二通、二位三通、二位四通、三位四通和三位五通等多种形式。一般二位阀用一个电磁铁，三位阀需用两个电磁铁。

操纵电磁阀用的电磁铁分为交、直流两种，交流电磁铁的电压一般为 220 V。其特点是启动力较大，换向时间短，价廉。但当阀芯卡住或吸力不够而使铁芯吸不上来时，电磁铁容易因电流过大而烧坏，故工作可靠性较差，动作时有冲击，寿命较低。直流电磁铁电压一般为 24 V。其优点是工作可靠，不会因阀芯卡住而烧坏，寿命长，体积小；但启动力较交流电磁铁小，而且在无直流电源时，需整流设备。为了提高电磁换向阀的工作可靠性和寿命，近年来，国内外正日益广泛地采用湿式电磁铁，图 4-11 所示结构即是这种电磁铁。这种电磁铁与滑阀推杆间无须密封，消除了密封圈处的摩擦力；它的电磁线圈外面直接用工程塑料封固，不另作金属外壳，这样既保证了绝缘，又利于散热，所以工作可靠，冲击小，寿命长。电磁换向阀由于受到电磁铁吸力较小的限制，它的额定流量一般在 25 L/min 以下，流量更大的阀一般采用液压驱动或电液驱动。

（4）液动换向阀。

液动换向阀是利用压力油来操纵阀芯运动的换向阀。图 4-12 所示为这种阀的结构和图形符号，它在阀芯两端有控制油腔分别接通控制油口 K_1 及 K_2，当控制油路的压力油从右边的控制油口 K_2 进入阀芯右端的油腔时，压力油推动阀芯向左，使 P 与 B 接通，A 与 T 接通。同理，当控制油路的压力油从左边的控制油口进入左腔时，阀芯被推向右，油路换向。当两个控制油口都不通控制油时，阀芯在两端对中弹簧的作用下，处于中间位置。

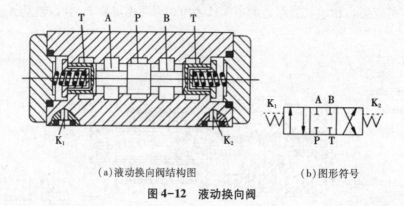

(a)液动换向阀结构图　　　　　　　(b)图形符号

图 4-12　液动换向阀

由于操纵液动换向阀的液压推力可以很大，所以这种阀的阀芯尺寸可以做得很大，故它可用于较大的额定流量。当对液动滑阀的换向性能有较高要求时，可在液动换向阀的两端装设可调节的单向节流阀，用来调节阀芯的移动速度，以减小换向冲击及噪声。

（5）电液动换向阀。

电液动换向阀是由电磁滑阀和液动滑阀组合而成，图 4-13 所示为液压对中型电液动换向阀结构示意图。电磁阀起先导作用，它可以改变控制液流的方向，从而改变液动滑阀的阀芯位置，液动滑阀的换向时间可用装于控制油路上单向节流阀（或串接在电磁阀与液动阀间的专用阻尼器）来调节。由图 4-13（a）可见，当两个电磁铁都不通电时，电磁铁阀芯 4 处于中位，液动阀（主阀）阀芯 8 因其两端都接通油箱，也处于中位。电磁铁 3 通电时，电磁阀阀芯移向右位，压力油经单向阀 1 接通主阀芯的左端，其右端的油则经节流阀 6 和电磁阀而接通油箱。于是，主阀芯右移，移动速度由节流阀 6 的开口大小决定。同理，当电磁铁 5 通电，电磁阀阀芯移向左位时，主阀芯也移向左位，其移动速度由节流阀 2 的开口大小决定。

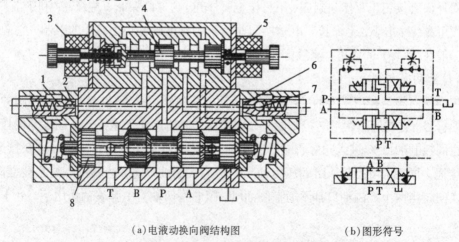

(a)电液动换向阀结构图　　　　　　(b)图形符号

图 4-13　电液动换向阀结构示意图

1，7—单向阀；2，6—节流阀；3，5—电磁铁；4—电磁铁阀芯；8—阀芯

在电液动换向阀中，控制主油路的主阀芯不是靠电磁铁的吸力直接推动的，而是靠电磁铁操纵控制油路上的压力油液推动的，因此推力可以很大。

这种阀既便于实现换向缓冲，又能用较小的电磁铁控制较大的液流，故广泛地用于大流量的液压系统中。

电液动换向阀可以作成不同的控制方式、对中型式和回油方式。图 4-13(b)所示为电液动换向阀的图形符号。

3. 换向阀滑阀机能分析

滑阀机能是指没有对阀芯进行操纵的原始位置时，它的各个油口的连通关系。

二位二通滑阀只对所连通的两个油口进行通、断(开、关)控制，最为简单。以电磁阀为例，按照在断电时两个油口的连接关系，分为常开式和常闭式。

比较复杂的是三位换向阀。在它的三个工作位置中，左、右两端工作位置的油路连通情况对于各种不同形式的滑阀是基本相同的，而中间位置的油路连通形式很多，中位的滑阀机能是换向滑阀的特征。

三位换向阀，当阀芯处于中间位置时，阀的通道内部可根据使用的需要有各式各样的连通，常用的连通形式见表 4-2。这种中间位置通道内部连通形式称为三位换向阀的中位机能。

表 4-2　常用滑阀机能

代号	名称	结构简图	符号
O	中间封闭		
H	中间开启		
Y	ABT 连接		

表4-2(续)

代号	名称	结构简图	符号
P	PAB 连接		
K	PAT 连接		
J	BT 连接		
M	PT 连接		

O 型中位机能的特点：油口全部被封住，油液不流动，执行元件可在任意位置被锁住。由于液压缸内充满着油，虽从静止到启动平稳，但换向时冲击较大。

H 型中位机能的特点：油口全部连通，液压泵卸荷，液压缸处于"浮动"状态；由于回油口通油箱，当停车时，执行元件中的油流回油箱，再次启动时，易产生冲击。由于油口全通，H 型换向时比 O 型平稳，但冲出量较大，换向精度较低。当用于单杆液压缸时，其中位机能不能使液压缸在任意位置停止。

M 型中位机能的特点：压力油口 P 与回油口 T 连通，其余封闭，液压泵卸荷，液压缸可在任意位置停止，启动平稳，换向时有冲击现象。

分析滑阀中位机能时，通常考虑以下因素。

(1)系统保压。

当 P 口被堵塞，系统保压，液压泵用于多缸系统。当 P 口不太通畅地与 T 口接通时，系统保持一定的压力供控制油路使用。

（2）系统卸荷。

P口通畅地与T口接通，系统卸荷，既节约能量，又防止油液发热。

（3）换向平稳性和精度。

当液压缸的A，B两口都封闭时，换向过程不平稳，易产生液压冲击，但换向精度高。反之，A，B两口都通T口时，换向过程中工作部件不易制动，换向精度低，但液压冲击小。

（4）启动平稳性。

阀在中位时，液压缸某腔若通油箱，则启动时该腔因无油液起缓冲作用，启动不太平稳。

（5）液压缸"浮动"和在任意位置上的停止。

阀在中位，当A，B两口互通时，卧式液压缸呈"浮动"状态，可利用其他机构移动，调整位置。当A，B两口封闭或与P口连接（非差动情况）时，则可使液压缸在任意位置停下来。

4. 换向阀的应用

换向阀可用于换向卸荷回路。当工作部件短时间暂停工作（如进行测量或装卸件）时，为了节省功率，减少发热，减轻泵和电动机的负荷，以延长其使用寿命，一般都让液压泵在空载状态下运转（即液压泵在很低的压力下工作），也就是让泵与电动机进行卸荷，一般功率在3 kW以上的液压系统，大多设有能实现这种功能的卸荷回路。

采用H型（或M型、K型）滑阀机能，油路在换向阀左、右位工作时，可实现执行元件的运动变换。当换向阀处于中位时，液压泵输出油液通过换向阀中位通道直接流回油箱，泵的出口压力仅为油液流经管路与换向阀时所引起的压力损失，如图4-14所示。这种回路结构简单，所用元件少。但当泵从卸荷重新升压工作时，可能产生压力冲击，故不宜在高压大流量条件下使用。

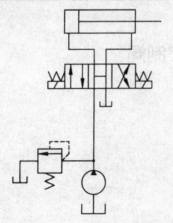

图4-14 三位四通阀卸荷回路

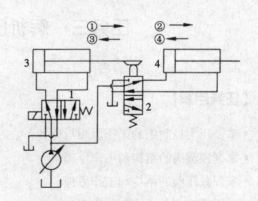

图4-15 行程阀式顺序动作回路

1—电磁阀；2—行程阀；3，4—液压缸

图 4-15 所示为一种用行程阀（机动换向阀）实现顺序动作的回路。当电磁阀 1 通电时（图示位置），液压缸 3 的活塞先向右运动，并在其挡块压下行程阀 2 后（图示位置），才使液压缸 4 的活塞右行。在电磁阀 1 的电磁铁断电后，液压缸 3 的活塞先行左退，并在其挡块松开行程阀 2 后，才使液压缸 4 的活塞也向左退回。这种回路工作可靠，但改变动作顺序比较困难。

【任务实施】

• 单向阀的拆装：拆卸螺钉，取出弹簧，分离阀芯和阀体，了解该阀的结构、工作原理及应用。

• 液控单向阀的拆装：拆卸控制端的螺钉，取出控制活塞和顶杆，拆卸阀芯端螺钉，取出弹簧，分离阀芯和阀体，了解该阀的结构、工作原理及应用。

• 方向阀的拆装：拆卸提供外部力的部分，取下卡簧，取出弹簧、分裂阀芯和阀体，了解该阀的结构、工作原理及应用。

• 方向阀的装配：装配前清洗各零件，给配合面涂润滑油，按照拆卸的反向顺序装配。

• 方向阀功能的验证：独立设计简单回路，验证各个阀的功能。

【任务评价】

表 4-3 解析方向控制阀任务评价表

序号	能力点	掌握情况	序号	能力点	掌握情况
1	安全操作		3	方向阀的装配	
2	方向阀的拆卸		4	功能验证	

任务三 解析压力控制阀

【任务目标】

• 掌握压力控制阀的工作原理与分类；

• 掌握溢流阀的结构和工作原理；

• 掌握减压阀的结构和工作原理；

• 掌握顺序阀的结构和工作原理；

• 掌握压力继电器的结构和工作原理；

• 掌握压力控制阀的压力控制和调节方法。

【任务描述】

拆装直动式和先导式溢流阀、直动式和先导式减压阀、顺序阀、压力继电器,掌握压力控制阀的工作原理、性能特点及应用,并了解压力控制阀的常见故障现象及排除方法。

【知识与技能】

液压系统的负载驱动能力取决于系统工作压力。在液压传动系统中,用来控制和调节液压系统压力高低的阀类称为压力控制阀。其按照功能和用途的不同,可分为溢流阀、减压阀、顺序阀和压力继电器等。

(一)溢流阀

溢流阀的功能是靠阀芯的调节作用,使阀的进口压力不超过或保持调定值。根据结构的不同,溢流阀可分为直动式、差动式和先导式三种形式。

1. 溢流阀的结构和工作原理

(1)直动式溢流阀。

直动式溢流阀按照其阀芯形式的不同,分为球阀式、锥阀式、滑阀式等。

图 4-16(a)为直动式溢流阀结构原理图。来自进油口 P 的压力油经阀芯 3 上的径向孔和阻尼孔 a 通入阀芯的底部,阀芯的下端便受到压力为 p 的油液的作用,若作用面积为 A,则压力油作用于该面上的力为 pA。调压弹簧 2 作用在阀芯上的预紧力为 F_s。

若不考虑阀芯的自重、摩擦力和液动力的影响,当进油压力较小($pA<F_s$)时,阀芯处于下端(如图 4-16 所示)位置,将进油口 P 和回油口 T 隔开,即不溢流。随着进油压力升高,当 $pA=F_s$ 时,阀芯即将开启;当 $pA>F_s$ 时,阀芯上移,弹簧进一步被压缩,油口 P 和 T 相通,溢流阀开始溢流。此时,阀芯处于受力平衡状态。阀芯上的阻尼孔对阀芯的运动形成阻尼,从而可避

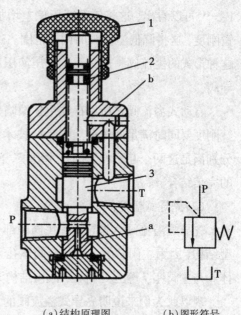

(a)结构原理图　　(b)图形符号

图 4-16　直动式溢流阀

1—调节螺母;2—弹簧;3—阀芯

免阀芯产生振动,提高阀的工作平稳性。

溢流阀一般安装在液压泵出口处,与负载组成并联油路,在溢流状态下,P 口负载压力越高,阀的开口量越大,直至液压泵全部溢流。由于溢流阀的存在,泵口压力不会因为外负载的增加而无限制增长。

如果阀口开度为 x，阀口最大开度为 x_{max}，弹簧预压缩量为 x_0，弹簧刚度为 K，当溢流阀稳定工作时，则有

$$p = K(x_0 + x)/A \qquad (4-6)$$

当通过溢流阀的流量改变时，阀口开度 x 也改变，但因阀芯的移动量小，如果认为 x 远远小于 x_0，则有

$$p = Kx_0/A \qquad (4-7)$$

因此可以认为，当油液流过溢流阀阀口时，溢流阀进口处的压力基本上保持定值。调节弹簧预压缩量 (x_0)，也就可调节溢流阀的溢流压力（即系统压力）。溢流阀在不同溢流流量下，实际工作压力是变化的，因此其调压误差

$$\Delta p = Kx/A \qquad (4-8)$$

对应于最大溢流量，最大调压偏差

$$\Delta p_{max} = Kx_{max}/A \qquad (4-9)$$

对于溢流阀来说，人们希望调压范围大，调压偏差小。从式 (4-7) 可知，如果要使溢流阀调压范围大及满足高的调节压力要求，必须增加弹簧刚度；而从式 (4-8) 和式 (4-9) 可以看出，这将使得调压偏差增加。反之，如果要降低调压偏差，应降低调压弹簧刚度，这将降低溢流阀的调压范围。这就是直动式溢流阀存在的原理上的缺陷。通常这种形式的溢流阀一般只用于低压液压系统或用作安全阀，也可用作小流量情况下的先导阀。

直动式溢流阀之所以存在上述缺陷，是因为直动式溢流阀只有一套弹簧系统，其弹簧刚度要同时满足两个截然相反的技术要求显然是不可能的。如能设计两套弹簧系统，分别满足这两个互不相容的技术要求，问题则迎刃而解，而先导式溢流阀正是这一构想的完美结合。

（2）先导式溢流阀。

先导式溢流阀由先导阀和主阀两部分组成。图 4-17 所示为先导式溢流阀的一种典型结构，因为主阀芯的大直径与阀体孔、锥面与阀座孔、上端直径与阀盖孔三处同心，阀体 4 与主阀座 7 等三处同心，故该结构为三级同心结构。

现以此为例来说明先导式溢流阀的工作原理。图 4-17 所示位置主阀芯及先导锥阀均被弹簧压靠在阀座上，阀口处于关闭状态。压力油自进油口 P 进入，并通过主阀芯 6 上的阻尼孔 5 进入主阀芯上腔，再由阀盖 3 上的通道 a 和锥阀座 2 上的小孔作用于锥阀 1 入口。当进油压力 p_1 小于先导阀调压弹簧 9 的调定值时，先导阀关闭，因为没有形成流动，主阀芯上、下两腔压力相等。由于主阀芯上、下侧有效面积比 (A_2/A_1) 为 1.03~1.05，上侧稍大，作用于主阀芯上的液压力和主阀弹簧力均使主阀口压紧，主阀口关闭不溢流。

忽略先导阀芯自重及摩擦力的影响，当进油压力超过先导阀的调定压力时，先导阀被打开，液压油自进油口 P 经主阀芯阻尼孔 5、先导阀口、主阀芯中心孔至阀体 4 下部出

油口(溢流口)T 的流动,阻尼孔 5 的流动液阻使主阀芯上、下腔的油液产生一个随先导阀流量增加而增加的压力差,当它在主阀芯上、下作用面上产生的总压力差形成的液压力足以克服主阀弹簧力、主阀芯自重和摩擦力时,主阀芯开启。此时进油口 P 与出油口 T 直接相通,造成溢流以保持系统压力。

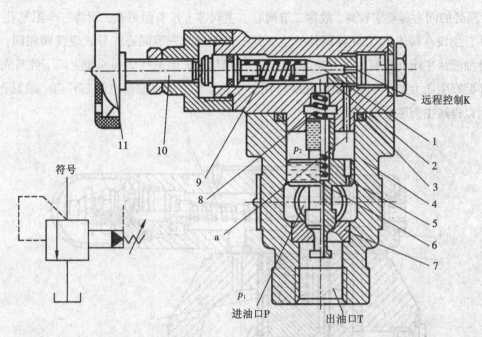

图 4-17　YF 型三级同心式先导式溢流阀工作原理图

1—锥阀(先导阀);2—锥阀座;3—阀盖;4—阀体;5—阻尼孔;6—主阀芯;
7—主阀座;8—主阀弹簧;9—调压(先导阀)弹簧;10—调节螺钉;11—调压手轮

由于主阀芯的启闭主要取决于阀芯上、下腔的差动压力,主阀弹簧只用来克服阀芯运动时产生的摩擦力,在系统无压时使主阀关闭,故主阀弹簧力很软,主阀芯因溢流量的变化而发生的位移不会引起被控压力的显著变化。

而且由于阻尼孔 5 的作用,使得主阀溢流量发生很大变化时,只引起先导阀流量的微小变化。加之主阀芯自重及摩擦力甚小,所以先导式溢流阀在溢流量发生大幅度变化时,被控压力只有很小的变化,即定压精度高。

此外,由于先导阀的溢流量仅为主阀额定流量的 1% 左右,因此先导阀阀座孔的面积、开口量、调压弹簧刚度并不需要很大。先导式溢流阀广泛用于高压、大流量场合。

由以上分析可知,由于先导式溢流阀存在导阀和主阀的两套弹簧系统,先导阀弹簧可满足调压范围要求,主阀弹簧满足调压精度的要求,因此,可从根本上克服直动式溢流阀存在的原理缺陷。

若将与主阀上腔相通的遥控口与另一个远离主阀的先导压力阀(此阀的调节压力应小于主阀中先导阀的调节压力)的入口连接,可实现远程调压。通过一个电磁换向阀使遥控口 K 分别与一个（或多个）远程调压阀的入口连通，即可实现二级（或多级）调压。通过电磁换向阀使遥控口与油箱相通，即可使系统卸荷。

图 4-18 所示为二节同心式先导式溢流阀结构图，其主阀芯为带有圆柱面的锥阀。为使主阀关闭时有良好的密封性，要求主阀芯 1 的圆柱导向面和圆锥面与阀套配合良好，两处的同心度要求较高，故称二节同心。主阀芯上没有阻尼孔，而将三个阻尼孔 2，3，4 分别设在阀体 10 和先导阀体 6 上。其工作原理与三节同心先导式溢流阀相同，只不过油液从主阀下腔到主阀上腔，需经过三个阻尼孔。阻尼孔 2 和 4 使主阀下腔与先导阀前腔产生压力差，再通过阻尼孔 3 作用于主阀上腔，从而控制主阀芯开启。阻尼孔 3 还用以提高主阀芯的稳定性。

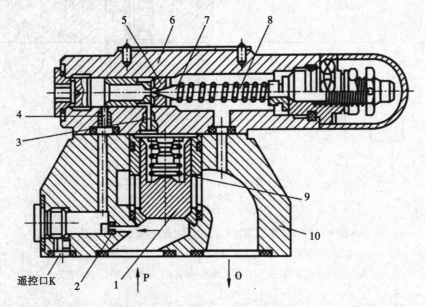

图 4-18　二节同心式先导式溢流阀结构图

1—主阀芯；2，3，4—阻尼孔；5—先导阀座；6—先导阀体；7—先导阀芯；
8—调压弹簧；9—主阀弹簧；10—阀体

与三节同心结构相比，二节同心结构的特点如下：① 主阀芯仅与阀套和主阀座有同心度要求，免去了与阀盖的配合，故结构简单，加工和装配方便；② 过流面积大，在相同流量的情况下，主阀开启高度小，或者在相同开启高度的情况下，其过流能力大，因此可做得体积小、重量轻；③ 主阀芯与阀套可以通用化，便于组织批量生产。

2. 溢流阀的主要性能

溢流阀的主要性能可分为静态特性和动态特性两个方面。

（1）溢流阀的静态特性。

溢流阀的静态特性包括阀的启闭特性、调压范围和卸荷压力等。

① 启闭特性。如图 4-19 所示，溢流阀开启过程的 p-q 特性称为开启特性，关闭过

程的 p-q 特性称为闭合特性,开启和关闭过程的 p-q 特性称为启闭特性。

由于摩擦力等因素的影响,溢流阀的开启和闭合过程的特性曲线不重合。一般溢流阀的启闭特性用其开启压力比 n_0(即开始溢流的开启压力 p_0 与其调定压力 p_n 的百分比)和闭合压力比 n_b(即停止溢流的闭合压力 p_b 与其调定压力 p_n 的百分比)来衡量。

显然,n_0 和 n_b 越大及两者越接近,溢流阀的启闭特性越好。一般应使 $n_0 > 90\%$,$n_b > 85\%$。

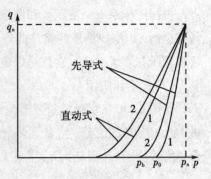

图 4-19　溢流阀的启闭特性
1—开启曲线;2—闭合曲线

② 调压范围。它就是溢流阀的使用压力范围。要求溢流阀在调压范围内压力变化均匀、无尖锐声和剧烈振动。调压范围与调压弹簧的刚度有关,弹簧刚度越大,其调压范围越宽。但当溢流阀在中低压范围内工作时,采用刚度大的弹簧调节困难。所以,有时将调压范围分成几段,不同范围采用不同刚度的弹簧。通常把 32 MPa 系列溢流阀的导阀弹簧分为 0.6~8.0,4~16,8~20,16~32 MPa 四种。这样,同一个溢流阀只要配以不同的先导阀调压弹簧就可以适用于各种压力系统。

③ 卸荷压力。先导式溢流阀的远程遥控口通油箱时,其进、出口的压力差叫卸荷压力。此值越小越好,以尽量减小功率损失和油液发热。

④ 压力稳定性。溢流阀的压力稳定性有两种含义。一种含义是指在调定压力下,工作一段时间后,调定压力的偏移量。压力偏移的原因主要与阀芯摩擦力、油温变化、油液清洁度等有关,是一种静态特性。另一种含义是指溢流阀在调定压力下,负载流量没有变化时,调定压力的振摆值。它和泵源的流量脉动及阀和管路的动态特性有关,是一种综合的动态指标。

(2)溢流阀的动态特性。

溢流阀的动态特性可以通过试验得到。在设计阶段,也可通过动态分析得到。动态特性通常包括快速性、稳定性、压力超调量。

① 压力超调量。最高瞬时压力峰值($p_{\max}$)与额定压力调定值(p_H)的差值定义为压力超调量,定义 $\Delta p = \dfrac{p_m - p_H}{p_H} \times 100\%$ 为压力超调率。Δp 是衡量溢流阀动态定压误差及稳定性的重要指标,一般不大于 30%。

② 压力超调稳定时间。从溢流阀自零压不溢流受控突变至以 p_H,q_H 溢流时起,至压力稳定在 p_H 静差内为止,这段时间称压力超调稳定时间。它反映的是溢流阀的快速性,除此之外,快速性还包括溢流阀的卸荷时间和卸荷后的压力回升时间。良好的快速性就是指上述时间应尽量短。

3. 溢流阀的应用

根据液压系统中液压泵和负载的不同形式,溢流阀主要用作定压阀(常称为溢流阀)和安全阀,以组成调压回路。此外,溢流阀与其他液压阀相配合,还可以用于系统卸荷、远程调压和多级调压。它总是以定值压力负载并联于被控油路。

(1)作定压阀用。

在图4-20所示的定量泵节流调速的液压系统中,调节节流阀的开口大小可以调节进入执行元件的流量,定量泵多余的油液则从溢流阀流回油箱。在工作过程中,溢流阀总是有油液通过(溢流),液压泵工作压力决定溢流阀的调定压力,且基本保持恒定。

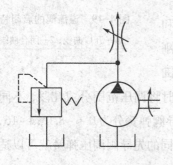

图4-20　溢流阀起定压溢流作用　　　　　图4-21　溢流阀起安全阀作用

(2)作安全阀用。

在图4-21所示的容积调速回路中,液压泵的全部流量进入执行元件,溢流阀是关闭的,只有当系统压力超过溢流阀调定压力时,溢流阀才打开,油液经溢流阀流回油箱,系统压力不再增高。溢流阀用以防止液压系统过载,起限压、安全保护作用。

(3)作卸荷阀用。

如图4-22所示,溢流阀常和二位二通电磁阀一起组成电磁溢流阀,靠电磁铁控制系统卸荷。这时,把常闭式二位二通电磁阀与先导式溢流阀的遥控口连通。当电磁铁通电时,先导式溢流阀主阀芯上腔液体经二位二通阀通油箱,主阀在压差作用下开启卸载。

(4)作远程调压用。

溢流阀可以利用远程调压阀的远程调压回路进行远程调压,如图4-23所示。这里应注意,只有在溢流阀的调整压力高于远程调压阀的调定压力时,远程调压阀才有调压作用。如主溢流阀远控口通过电磁换向阀与油箱或多个远程调压阀连接,则可实现液压系统卸荷或多级远程调压。

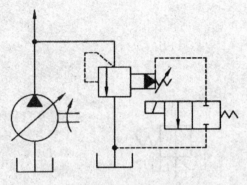

图 4-22 电磁溢流阀卸荷原理图

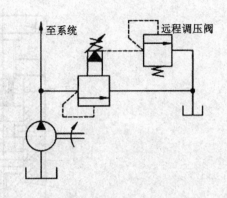

图 4-23 溢流阀的远程调压

（5）作背压阀用。

将溢流阀安装在液压系统的回油路上，可对回油产生阻力，即造成执行元件的背压。回油路存在一定的背压，可以提高执行元件的运动稳定性。

（二）减压阀

减压阀是使出口压力（二次压力）低于进口压力（一次压力）的一种压力控制阀。其作用是用来降低液压系统中某一支路的油液压力，使用一个油源能同时提供两个或多个不同压力的输出。减压阀在各种液压设备的夹紧系统、润滑系统和控制系统中应用较多。此外，当油液压力不稳定时，在回路中串联一个减压阀可得到一个稳定的较低的压力。根据减压阀所控制的压力不同，它可分为定值减压阀、定差减压阀和定比减压阀。通常所说的减压阀指的是定值减压阀。

1. 定值减压阀

定值减压阀可以获得比进口压力低但稳定的出口工作压力。对定值减压阀的主要要求是维持出口压力稳定，受入口压力和通过流量变化的影响小。

（1）直动式减压阀。

图 4-24 所示为直动式减压阀的结构原理图和图形符号。P_1 口是进油口，P_2 口是出油口，阀不工作时，阀芯在弹簧作用下处于最下端位置，阀的进、出油口是相通的，阀是常开的。若出口压力增大，使作用在阀芯下端的压力大于弹簧力时，阀芯上移，关小阀口 H，这时阀处于工作状态。若忽略其他阻力，仅考虑作用在阀芯上的液压力和弹簧力相平衡的条件，则可以认为出口压力基本上维持在某一调定值。若出口压力减小，阀芯就下移，开大阀口 H，阀口处阻力减小，压降减小，使出口压力回升到调定值；反之，若出口压力增大，则阀芯上移，关小阀口 H，阀口处阻力加大，压降增大，使出口压力下降到调定值。

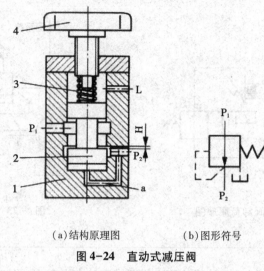

(a)结构原理图　　　　(b)图形符号

图 4-24　直动式减压阀

1—阀体；2—阀芯；3—调压弹簧；4—调压手轮

（2）先导式减压阀。

图 4-25 所示为先导式减压阀的结构原理图和图形符号。P_1 口是进油口，P_2 口是出油口，阀不工作时，阀芯在弹簧作用下处于最右端位置，阀的进、出油口是相通的，阀是常开的。在减压阀通入压力油时，压力油在减压口减压后从出口流出，经减压的出口压力油经阀体上的孔道引入主阀芯的右端，通过主阀芯上的阻尼孔 R 进入主阀芯的左侧油腔，并通过先导阀体上的孔道进入先导阀的下腔。当减压阀出口的压力较小时，先导锥阀关闭，主阀芯左、右两腔的液压力相等，在主阀芯弹簧的作用下，主阀芯处在右端极限位置，使节流降压口 H 打开，减压阀不起减压作用；当压力增大到先导锥阀的开启压力时，先导锥阀打开，油液经过泄油孔道 L 流回油箱，实行外泄。减压阀在调定压力下正常工作时，由于出口压力与先导阀开启压力和主阀芯弹簧力的平衡作用，维持节流阀口 H 为定值。当出口压力增大时，由于阻尼孔 R 的作用产生压降，主阀芯所受的力不平衡，使阀芯左移，节流阀口 H 减小，压降增大，使出口压力下降到调定值；反之，当出口的压力减小时，阀芯右移，节流阀口 H 增大，压降减小，使出口压力回升到调定值。同样，通过先导式减压阀的远程控制口 K，也可以实现远程控制。

在减压阀出口油路的油液不再流动的情况下（如所连的夹紧支路油缸运动到终点后），由于先导阀泄油仍未停止，减压口仍有油液流动，阀就仍然处于工作状态，出口压力也就保持调定数值不变。

将减压阀和溢流阀进行比较，它们之间有如下几点不同之处。

① 减压阀保持出口压力基本不变，而溢流阀保持进口处压力基本不变。

② 在不工作时，减压阀进、出油口互通，而溢流阀进、出油口不通。

③ 为保证减压阀出口压力，泄油口单独外接油箱，这是外泄；溢流阀的出油口是通

油箱的,所以泄油可通过阀体上的通道和出油口相通,不必单独外接油箱,这是内泄。

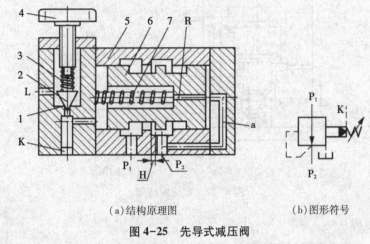

(a)结构原理图　　　　　　　(b)图形符号

图 4-25　先导式减压阀

1—先导阀座;2—先导阀芯;3—调压弹簧;4—调压手轮;5—主阀体;6—主阀芯;7—主阀芯弹簧

2. 定差减压阀

定差减压阀可使阀进、出口压力差保持为恒定值。如图 4-26(a)所示,高压油从 P_1 口经节流口减压后,以低压油从 P_2 流出,同时低压油经阀芯中心孔将压力传至阀芯左腔,其进、出油压在阀芯有效作用面积上的压力差与弹簧力相平衡,即保持阀进、出口压力差为恒定值。定差减压阀通常与节流阀组合成调速阀,可使其节流阀两端压差保持恒定,使通过节流阀的流量不受外界负载变动的影响。

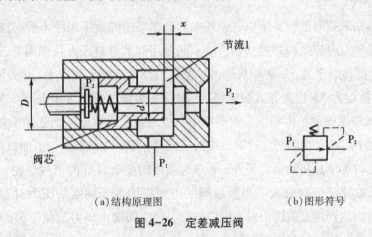

(a)结构原理图　　　　　　　(b)图形符号

图 4-26　定差减压阀

3. 定比减压阀

定比减压阀能使进、出油口压力的比值维持恒定。如图 4-27(a)所示,若忽略弹簧力(刚度较小),则有减压比 $p_2/p_1 = A_1/A_2$,选择阀芯的作用面积 A_1 和 A_2,即可得到所需要的近似恒定的压力比。

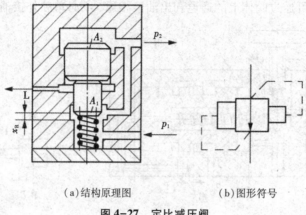

(a)结构原理图　　　　　　(b)图形符号

图4-27　定比减压阀

4. 减压阀的应用

减压阀一般用在需减压或稳压的工作场合。定位、夹紧、分度、控制等支路往往需要稳定的低压。为此，该支路需串接一个减压阀构成减压回路。通常，在减压支路的减压阀后要设单向阀，以防止系统压力降低时油液倒流，并可短时保压。当减压支路的执行元件速度需要调节时，节流元件应装在减压阀出口，因为减压阀起作用时，会有少量泄油流回油箱，而节流元件装在出口，可避免泄油对调定的流量产生影响。减压阀出口压力若比系统压力低得多，会增加功率损失和系统温升，必要时可用高、低压双泵分别供油。

(三) 顺序阀

顺序阀是用来控制液压系统中各元件先后动作顺序的液压元件。根据控制方式的不同，顺序阀可分为内控式和外控式两大类：前者用阀的进口压力控制阀芯的启闭，称为内控顺序阀，简称顺序阀；后者用外来的控制压力油控制阀芯的启闭，称为液控顺序阀。

图4-28所示为XF型先导式顺序阀结构图，压力调节范围为0.3~6.3 MPa，其结构与Y型先导式溢流阀的结构相似。但顺序阀与溢流阀不同的是，溢流阀出油口直接与油箱相通，而顺序阀的出油口则连接下一级液压元件，即顺序阀的进、出油口都通压力油，所以它的泄油口要单独回油箱。另外，顺序阀关闭时要有良好的密封性能，故阀芯和阀体间的封油长度比溢流阀的大。当顺序阀的进油压力低于调定的压力时，阀口完全闭合。当进油压力达到调定的压力时，阀口开启，顺序阀输出压力油使下游的执行元件动作。调整弹簧的预压缩量即能调节调定压力。

在图4-28中，将XF型先导式顺序阀的端盖1旋转90°或180°安装，并拧下外控口K的螺塞，即可变成液控顺序阀。将液控顺序阀的上盖7旋转90°或180°安装，使孔e经孔d和出油口P₂相连，并将泄油口L用螺塞堵住，就变成了卸荷阀。此时，当外控口的压力油作用在控制柱塞2上的力大于作用在弹簧4上的作用力时，阀芯3上移，P₁和P₂相通，压力直接回油箱而卸荷。顺序阀的图形符号如图4-29所示。图4-30所示为顺序

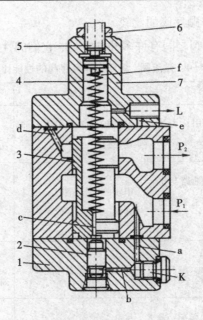

图 4-28　XF 型先导式顺序阀结构图

1—端盖；2—控制柱塞；3—阀芯；4—弹簧；5—调节螺杆；6—锁紧螺母；7—上盖

阀用作平衡阀的原理图。

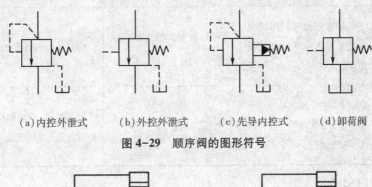

（a）内控外泄式　　（b）外控外泄式　　（c）先导内控式　　（d）卸荷阀

图 4-29　顺序阀的图形符号

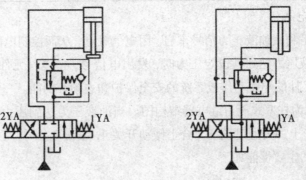

（a）内控式顺序阀用作平衡阀　　　　（b）外控式顺序阀用作平衡阀

图 4-30　顺序阀用作平衡阀原理图

（四）溢流阀、减压阀与顺序阀的比较

溢流阀、减压阀和顺序阀之间有许多共同之处，它们的性能比较见表4-4。

表4-4　溢流阀、减压阀和顺序阀的性能比较

比较项目	溢流阀	减压阀	顺序阀
控制压力	从阀的进油端引压力油实现控制	从阀的出油端引压力油实现控制	从阀的进油端或从外部油源引压力油构成内控式或外控式
连接方式	连接溢流阀的油路与主油路并联，阀出口直接通油箱	串联在减压油路上，出口油在减压部分工作	用作卸荷阀和平衡阀时，出口通油箱；用作顺序阀时，出口连接到工作系统中
泄漏的回油方式	泄漏由内部回油	外泄回油（设置外泄口）	外泄回油；用作卸荷阀时，为内泄回油
阀芯状态	原始状态下阀口关闭；当安全阀用时，阀口是常闭状态；当溢流阀、背压阀用时，阀口是常开状态	原始状态下阀口开启，工作过程也是微开状态	原始状态下阀口关闭，工作过程中阀口常开
组成复合阀	可与电磁换向阀组成电磁溢流阀或与单向阀组成卸荷溢流阀	可与单向阀组成单向减压阀	可与单向阀组成单向顺序阀
适用场合	安全保护、溢流稳压、背压作用、系统卸荷、远程调压、多级调压	减压、稳压	顺序控制、系统卸荷、作平衡阀、作背压阀、系统保压

（五）压力继电器

压力继电器是利用油液压力信号来启、闭电气触点，从而控制电路通、断的液/电转换元件。它在油液压力达到其设定压力时，发出电信号，使电气元件动作，实现泵的加载或卸荷、执行元件的顺序动作或系统的安全保护和连锁等功能。

图4-31所示为柱塞式压力继电器结构图。当油液压力达到压力继电器的设定压力时，作用在柱塞1上的力通过顶杆2合上微动开关4，发出电信号。

压力继电器的主要性能如下。

（1）调压范围。

调压范围是指能发出电信号的最低工作压力和最高工作压力的范围。

（2）灵敏度和通断调节区间。

压力继电器的灵敏度是指，当压力升高时继电器接通电信号的压力（称开启压力）与

压力下降时继电器复位切断电信号的压力(称闭合压力)之差。为避免压力波动时继电器时通时断,要求开启压力和闭合压力之间有一可调的差值,称为通断调节区间。

(3)重复精度。

在一定的设定压力下,多次升压(或降压)过程中,开启压力(或闭合压力)本身的差值称为重复精度。

(4)升压或降压动作时间。

压力由卸荷压力升到设定压力,微动开关触点闭合发出电信号的时间,称为升压动作时间;反之称为降压动作时间。

压力继电器在液压系统中的应用很广,如刀具移动到指定位置碰到挡铁或负载过大时的自动退刀,润滑系统发生故障时的工作机械自动停车,系统工作程序的自动换接,等等,都是典型的例子。

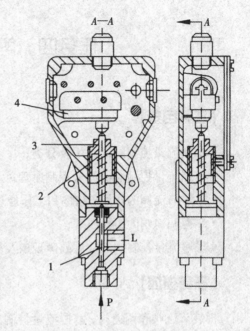

图 4-31 柱塞式压力继电器结构图
1—柱塞;2—顶杆;3—调节螺钉;4—微动开关

【任务实施】

● 直动式压力阀的拆装:拆下调压螺母,取出弹簧,分离阀芯、阀体,了解该阀的结构、特点、工作原理及应用。

● 先导式压力阀的拆装:拆卸先导阀调压螺母,取出弹簧,分离先导阀芯和阀体;拆卸主阀螺钉,取出弹簧,分离主阀阀芯和阀体,了解该阀的结构、工作原理及应用。

● 压力继电器的拆装:拆卸控制端螺钉,取出弹簧、杠杆和阀芯,拆卸微动开关,了解压力继电器的结构、工作原理及应用。

● 压力控制阀的装配:装配前清洗零件,给配合面涂润滑油,按照拆卸的反向顺序装配。

● 压力控制阀的功能验证:独立设计简单回路,验证各个阀的功能。

【任务评价】

表 4-5 解析压力控制阀任务评价表

序号	能力点	掌握情况	序号	能力点	掌握情况
1	安全操作		3	压力阀的装配	
2	压力阀的拆卸		4	功能验证	

任务四　解析流量控制阀

【任务目标】

- 掌握流量控制阀的作用及分类；
- 掌握流量控制阀的流量控制原理；
- 了解节流阀的作用、结构和工作原理；
- 掌握调速阀的工作原理；
- 了解流量控制阀的常见故障现象及排除方法。

【任务描述】

拆装节流阀和调速阀，掌握流量控制阀的工作原理、性能特点及应用，并了解流量控制阀的常见故障现象及排除方法。

【知识与技能】

在液压系统中，当执行元件的有效面积一定时，执行元件的运动速度取决于输入执行元件的油液流量。用来控制油液流量的液压阀，统称为流量控制阀，简称流量阀。常用的流量阀有节流阀和调速阀。

（一）节流阀

1. 节流阀的流量特性

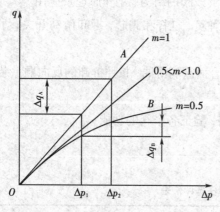

图 4-32　三种节流口对应的
压力-流量曲线

节流阀的节流口通常有三种基本形式：薄壁小孔、短孔和细长孔。无论节流口采用哪种形式，通过节流口的流量（q）与其前后压差（Δp）的关系均可用式（4-10）表示。三种节流口的特性曲线如图 4-32 所示。

$$q = KA\Delta p^m \qquad (4-10)$$

流量控制阀是依靠改变节流口的大小来调节通过阀口的流量的。当流量阀的通流面积调定后，常要求通过节流孔截面积（A）的流量（q）能保持稳定不变，使执行机构获得稳定的速度。实际上，当节流阀的通流面积调定后，还有许多因素影响着流量的稳定性。

(1)压差(Δp)对流量的影响。

当节流阀两端压差(Δp)变化时,通过它的流量就要发生变化。在三种结构形式的节流口中,通过薄壁小孔的流量受压差改变的影响最小。

(2)温度对流量的影响。

油温直接影响到油液黏度。对于细长孔,油温变化时,流量也随之改变;对于薄壁小孔,黏度对流量几乎没有影响,故油温变化时,流量只受液体密度的影响,其流量基本不变。

(3)孔口形状对流量的影响。

节流阀的节流口可能因油液中的杂质或由于油液氧化后析出的胶质、沥青等胶状颗粒而局部堵塞,这就改变了原来节流口通流面积的大小,使流量发生变化,尤其当开口较小时,这一影响更为突出,严重时会完全堵塞而出现断流现象。因此,节流口的抗堵塞性能也是影响流量稳定性的重要因素,尤其会影响流量阀的最小稳定流量,该值越小表示稳定性越好。同时,油液的通过性与节流口的截面形状有关。实践表明,节流通道越短和水力半径越大,节流阀越不容易堵塞。当然,油液的清洁程度对堵塞也有影响。一般流量控制阀的最小稳定流量为 0.05 L/min。

综上所述,为保证流量稳定,节流口的形式以薄壁小孔较为理想。通过节流口的油液应严格过滤并适当选择节流阀前后的压差,因为压差过大时,能量损失大且油液易发热;压差过小时,压差的变化对流量的影响很大。推荐压差为 $\Delta p = 0.2 \sim 0.3$ MPa。

2. 节流阀的结构

图 4-33 所示为 L 型节流阀的结构原理图,这种节流阀采用的是轴向三角槽式节流口,压力油从进油口 P_1 流入孔道 a 和阀芯 1 左端的三角槽进入孔道 b,再从出油口 P_2 流出。调节手柄 3,可通过推杆 2 使阀芯做轴向移动,改变节流口的通流面积来调节流量。阀芯在弹簧 4 的作用下始终贴紧在推杆上。L 型节流阀的额定压力为 6.3 MPa,最小稳定流量为 0.05 L/min。

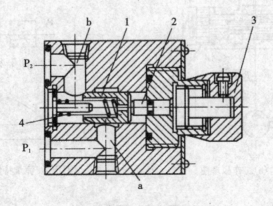

图 4-33　L 型节流阀结构原理图

1—阀芯;2—推杆;3—手柄;4—弹簧

（二）调速阀

当节流阀节流开口调定时，通过它的流量受工作负载变化的影响，故节流阀只适用于负载变化不大和速度稳定性要求不高的场合。在负载变化较大而又要求速度稳定时，这些调速回路就不能满足要求。要使速度稳定，就要采用压力补偿的办法来保证节流阀前后的压差不变，从而使流量稳定。对于节流阀进行压力补偿的方法有两种：一种是将定差减压阀与节流阀串联成一个复合阀，由定差减压阀保持节流阀前后压差不变，这种组合的阀称为调速阀；另一种是将差压式溢流阀和节流阀并联成一个组合阀，由溢流阀保证节流阀前后压差不变，这种组合阀称为旁通型调速阀。

1. 调速阀

调速阀的工作原理图如图 4-34（a）所示。调速阀是在节流阀 2 前面串联一个定差减压阀 1 组合而成的。它是靠定差减压阀来维持节流阀进出口压差近于恒定，保持流量不受工作负载变化的影响，从而维持执行元件的速度不受负载波动的影响。液压泵输出油液的压力为 p_1（由溢流阀调定并保持稳定），流经减压阀到节流阀前的压力为 p_2；节流阀后的压力为 p_3，节流阀前后的压力油分别作用在减压阀阀芯的两端。若忽略摩擦力和液动力，当阀芯在弹簧力 F_s、油液压力 p_2 和 p_3 作用下处于某一平衡位置时，有 $p_2A_1+p_2A_2=p_3A+F_s$，式中 A，A_1，A_2 分别为 b，c，d 腔内的压力油作用于阀芯的有效面积，且 $A=A_1+A_2$，整理得到节流阀进口压力（p_2）与出口压力（p_3）的差

$$\Delta p = p_2 - p_3 = \frac{F_s}{A} \qquad (4-11)$$

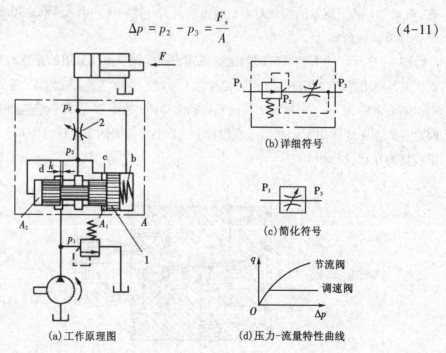

(a)工作原理图　(b)详细符号　(c)简化符号　(d)压力-流量特性曲线

图 4-34　调速阀

1—减压阀；2—节流阀

因为弹簧刚度较低，且工作过程中减压阀阀芯位移很小，可以认为 F_s 基本保持不变，故节流阀两端压差(p_2-p_3)基本不变，使通过节流阀的流量稳定。换言之，将调速阀流量调定后，无论出口压力(p_3)或进口压力(p_1)如何发生变化，由于减压阀的自动调节作用，节流阀前后压差总是保持稳定的，从而使通过调速阀的流量基本保持不变。图4-34(b)(c)所示分别为调速阀的详细符号与简化符号。

图4-34(d)表示通过节流阀和调速阀的流量(q)随阀进、出油口两端的压差(Δp)的变化规律。从图中可以看出，节流阀的流量随压差变化较大，而调速阀的压差大于一定数值后，流量基本上保持恒定。当压差很小时，由于减压阀阀芯被弹簧推至最左端，减压阀阀口全开，不起减压作用，故这时调速阀的性能与节流阀相同。因此，为使调速阀正常工作，就必须有一最小压差。最小压差在一般调速阀中为 0.5 MPa，在高压调速阀中为 1 MPa。目前，一般采用较小的弹簧刚度，适当增大减压阀芯的有效面积，使调速阀达到较好的稳态流量控制精度。

2. 旁通型调速阀

旁通型调速阀(也称溢流节流阀)也是一种压力补偿型节流阀，图4-35(a)所示为其工作原理图。它接在进油路，也能保持速度稳定。液压泵输出的油液一部分经节流阀4进入液压缸左腔，推动活塞向右移动；另一部分经溢流阀3的溢流口流向油箱，溢流阀阀芯上端的a腔同节流后的油液相通，其压力(p_2)大小取决于负载(F)。节流阀前的油液压力为 p_1，它和b腔及下端的c腔相通。当液压缸在某一负载下工作时，溢流阀阀芯处于某一平衡位置，若负载增加，则 p_2 升高，a腔的压力也相应升高，阀芯向下移动，溢流开口减小，溢流阻力增加，使泵的供油压力也随之增大，从而使节流阀4前后的压差(p_1-p_2)基本保持不变；如果负载减小，则 p_2 减小，溢流阀的自动调节作用将使 p_1 也减小，$\Delta p=p_1-p_2$ 仍能保持基本不变。

当溢流阀阀芯处于某一位置时，阀芯在其上下的油液压力和弹簧力 F_s(不计阀芯自重、摩擦力、液动力)作用下处于平衡状态，这时有

$$p_1 A = p_2 A + F_s \tag{4-12}$$

由于弹簧刚度较小，且负载变化时，溢流阀3的位移很小，故可以认为 F_s 基本保持不变，从而使 Δp 基本不变，通过节流阀的流量将不受负载变化的影响。图4-35中的安全阀2平时关闭，只有当负载增加到使 p_2 超过安全阀弹簧的调整压力时，它才打开，溢流阀阀芯上的a腔经安全阀2通油箱，溢流阀3向上移动，溢流阀开口增大，液压泵输出的油液经溢流阀全部溢流回油箱，从而防止系统过载。

调速阀和旁通型调速阀都有压力补偿作用，使通过流量不受负载变化的影响，但其性能和使用范围不完全相同。它们的主要区别如下。

(1)调速阀在进油路、回油路和旁油路调速回路中都能应用。在前两种回路中，泵出口处的压力都由溢流阀保持稳定，而旁通型调速阀只能用在进油路节流调速回路中。泵出口处的压力是随负载变化的，负载小，供油压力就低，因而使用旁通型调速阀具有

功率损耗小、发热量小的优点。

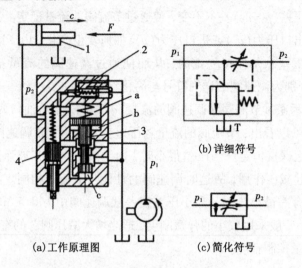

图 4-35 旁通型调速阀

1—液压缸；2—安全阀；3—溢流阀；4—节流阀

（2）旁通型调速阀要通过泵的全部流量，溢流阀上端的弹簧刚度较大，所以通过流量的稳定性不如调速阀好。

由以上分析可知，旁通型调速阀适用于对速度稳定性要求不高而功率较大的节流调速系统，如插床、小型拉床和牛头刨床等。

【任务实施】

• 节流阀的拆装：拆下流量调压螺母，取出推杆、阀芯、弹簧，了解该阀的结构、特点、工作原理及应用。

• 调速阀的拆装：拆卸下调速阀中的节流阀，拆下减压阀的螺钉，取出减压阀的弹簧和阀芯，了解该阀的结构、工作原理及应用。

• 流量控制阀的装配：装配前清洗各零件，给配合面涂润滑油，按照拆卸的反向顺序装配。

• 流量控制阀的功能验证：独立设计简单回路，验证各个阀的功能。

【任务评价】

表 4-6 解析流量控制阀任务评价表

序号	能力点	掌握情况	序号	能力点	掌握情况
1	安全操作		3	流量阀的装配	
2	流量阀的拆卸		4	功能验证	

项目五　解析液压基本回路

【背景知识】

任何一个液压系统，无论它所要完成的动作有多么复杂，总是由一些基本回路组成的。所谓基本回路，就是由一些液压元件组成，用来完成特定功能的油路结构。熟悉和掌握这些基本回路的组成、工作原理及应用，是分析、设计和使用液压系统的基础。

任务一　解析速度控制回路

【任务目标】

- 掌握节流调速回路的调速原理及分类；
- 掌握容积调速回路的调速原理及分类；
- 掌握容积节流调速回路的调速原理及分类；
- 了解差动增速、蓄能器增速、快慢速换接回路调速原理；
- 了解调速回路的选择依据。

【知识与技能】

速度控制回路是讨论液压执行元件速度的调节和变换的问题。下面先来分析调速回路。在液压传动装置中，执行元件主要是液压缸和液压马达，其工作速度或转速与输入流量及其几何参数有关。在不考虑油液压缩性和泄漏的情况下：

液压缸的速度为

$$v = q/A \tag{5-1}$$

液压马达的转速为

$$n = q/V_M \tag{5-2}$$

式中，q——输入液压缸或液压马达的流量；

　　A——液压缸的有效作用面积；

　　V_M——液压马达的排量。

由上面两式可知，要调节液压缸或液压马达的工作速度，可以通过改变输入执行元件的流量，也可以通过改变执行元件的几何参数。对于确定的液压缸来说，改变其有效作用面积 A 是困难的，一般只能通过改变输入液压缸流量的办法来调速。对变量液压马达来说，既可用改变输入流量的办法来调速，也可用改变马达排量的办法来调速。

改变输入执行元件的流量，根据液压泵是否变量，可将速度控制回路分为定量泵节流调速回路、变量泵容积调速回路和变量泵与流量阀的容积节流调速回路。若驱动液压泵的原动机为内燃机，还可以通过调节油门的大小改变泵的转速来改变输入执行元件的流量。下面主要讨论前面三种调速回路。

(一)节流调速回路

在液压系统采用定量泵供油时，因泵输出的流量(q_p)一定，因此要改变输入执行元件的流量，必须在泵的出口旁接一条支路，将泵多余的流量($\Delta q = q_p - q_1$)溢回油箱，这种调速回路称为节流调速回路。它由定量泵、执行元件、流量控制阀(节流阀、调速阀等)和溢流阀等组成。其中，流量控制阀起流量调节作用，溢流阀起压力补偿或安全作用。

定量泵节流调速回路根据流量控制阀在回路中安放位置的不同，又分为进油节流调速、回油节流调速、旁路节流调速三种基本形式。下面以泵-缸回路为例分析采用节流阀的节流调速回路的速度负载特性、功率特性等性能。分析时忽略油液的压缩性、泄漏、管道压力损失和执行元件的机械摩擦等，同时假定节流口形状都为薄壁小孔。

1. 进油、回油节流调速回路

将节流阀串联在液压泵和液压缸之间，用它来控制进入液压缸的流量达到调速的目的，为进油节流调速回路，如图5-1(a)所示；将节流阀串联在液压缸的回油路上，借助节流阀控制液压缸的排油流量来实现速度调节，为回油节流调速回路，如图5-1(b)所示。定量泵多余的油液通过溢流阀流回油箱，这是进、回油节流调速回路能够正常工作的必要条件。由于溢流阀有溢流，故泵的出口压力(p_s)为溢流阀的调整压力，并基本保持定值。

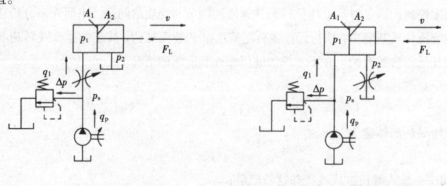

(a)进油节流调速回路　　　　　　　　(b)回油节流调整回路

图5-1　进油、回油节流调速回路

(1)速度负载特性。

在图5-1(a)所示的进油节流调速回路中,活塞运动速度等于进入液压缸的流量(q_1)除以液压缸进油腔的有效面积(A_1),即

$$v = q_1/A_1 \tag{5-3}$$

根据流量连续性方程,进入液压缸的流量(q_1)等于通过节流阀的流量,而通过节流阀的流量可由节流阀的压力流量方程决定,即

$$q_1 = KA_T\sqrt{\Delta p} = KA_T\sqrt{p_p - p_1} \tag{5-4}$$

式中,A_T——节流阀通流面积;

　　p_p——液压泵出口压力,溢流阀调定后为定值p_s;

　　p_1——液压缸进油腔压力;

　　Δp——节流阀两端压差;

　　K——取决于节流阀阀口和油液特性的液阻系数。

当活塞以稳定速度运动时,活塞的受力平衡方程为

$$p_1A_1 = p_2A_2 + F_L \tag{5-5}$$

式中,F_L——负载力;

　　p_2——液压缸回油腔压力,由于回油腔通油箱,故$p_2 = 0$。

所以$p_1 = F_L/A_1 = p_L$,p_L为克服负载所需的压力,称为负载压力。将p_1代入式(5-4)得

$$q_1 = KA_T\sqrt{p_s - \frac{F_L}{A_1}} = \frac{KA_T}{\sqrt{A_1}}\sqrt{p_sA_1 - F_L} \tag{5-6}$$

$$v = \frac{q_1}{A_1} = \frac{KA_T}{\sqrt{A_1^3}}\sqrt{p_sA_1 - F_L} \tag{5-7}$$

式(5-7)为进油节流调速回路的速度负载特性方程,它反映了速度(v)与负载(F_L)的关系。若以活塞运动速度(v)为纵坐标,负载(F_L)为横坐标,将式(5-7)按照不同节流阀通流面积A_T作图,可得一组抛物线,称为进油节流调速回路负载特性曲线,如图5-2所示。

从式(5-7)和图5-2中可以看出,当其他条件不变时,活塞的运动速度(v)与节流阀通流面积(A_T)成正比,调节A_T就能实现无级调速。这种回路的调速范围较大。当节流阀通流面积(A_T)一定时,活塞运动速度(v)随着负载(F_L)的增加按照抛物线规律下降。不论节流阀通流面积怎样变化,当$F_L = p_sA_1$时,节流阀两端压差为零,活塞运动也就停止,液压泵的流量全部经溢流阀溢回油箱,即该回路的最大承载能力为$F_{Lmax} = p_sA_1$。速度随负载变化而变化的程度,表现速度负载特性曲线的斜率不同,常用速度刚性(K_v)来评定,其公式为

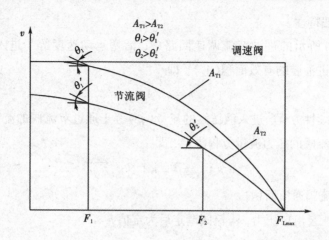

图5-2 进油节流调速回路速度负载特性

$$K_V = -\frac{\partial F}{\partial v} = -\frac{1}{\tan\theta} \tag{5-8}$$

它表示负载变化时回路阻抗速度变化的能力。由式(5-7)和式(5-8)可得

$$K_V = -\frac{\partial F}{\partial v} = \frac{2\sqrt{A_1^3}}{KA_T}\sqrt{p_s A_1 - F_L} = \frac{2(p_s A_1 - F)}{v} \tag{5-9}$$

由式(5-9)可以看出,当节流阀通流面积(A_T)一定时,负载(F_L)越小,速度刚性(K_v)越大;当负载(F_L)一定时,活塞速度越低,速度刚性(K_v)越大。

(2)功率特性。

液压泵输出功率为$P_P = p_s q_P$,其为常量,故液压缸输出的有效功率为

$$P_1 = F_L v = F_L q_L / A_1 = p_L q_L \tag{5-10}$$

式中,q_L——负载流量,即进入液压缸的流量,这里有$q_L = q_1$。

回路的功率损失为

$$\Delta P = P_P - P_1 = p_s q_P - p_L q_L = p_s \Delta q + \Delta p q_L \tag{5-11}$$

式中,溢流阀的溢流量为$\Delta q = q_P - q_L$。

由式(5-11)可知,这种调速回路的功率损失由两部分组成,即溢流功率损失($\Delta P_1 = p_s \Delta q$)和节流损失($\Delta P_2 = \Delta p q_L$)。

回路的输出功率与回路的输入功率之比定义为回路效率。进油节流调速回路的效率为

$$\eta = \frac{P_P - \Delta P}{P_P} = \frac{p_L q_L}{p_s q_P} \tag{5-12}$$

对图5-1(b)所示的回油节流调速回路,用同样的分析方法可得到与进油节流调速回路相似的速度负载特性、速度刚性,即

$$v = \frac{KA_\mathrm{T}}{\sqrt{A_2^3}}\sqrt{p_\mathrm{s}A_1 - F_\mathrm{L}} \qquad (5\text{-}13)$$

$$K_\mathrm{V} = \frac{2\sqrt{A_2^3}}{KA_\mathrm{T}}\sqrt{p_\mathrm{s}A_1 - F_\mathrm{L}} = \frac{2(p_\mathrm{s} - F_\mathrm{L})}{v} \qquad (5\text{-}14)$$

其功率特性与进油节流调速回路相同。但是它们在以下几个方面的性能有明显差别，在选用时应予以注意。

① 承受负值负载的能力。所谓负值负载，就是作用力的方向和执行元件运动方向相同的负载。回油节流调速回路的节流阀在液压缸的回油腔形成一定背压，在负值负载作用下能阻止工作部件前冲。如果要使进油节流调速回路承受负值负载，就得在回油路上加背压阀。但这样做要提高泵的供油压力，会增加功率消耗。

② 运动平稳性。回油节流调速回路由于回油路上始终存在背压，可有效地防止空气从回油路吸入，因而低速运动时不易爬行，高速运动时不易颤振，即运动平稳性好。进油节流调速回路在不加背压阀时不具备这种长处。

③ 油液发热对泄漏的影响。进油节流调速回路中通过节流阀发热的油液直接进入液压缸，会使缸的泄漏增加。而回油节流调速回路油液经节流阀温升后直接回油箱，经冷却后再进入系统，对系统泄漏影响较小。

④ 压力信号实现程序控制的方法。进油节流调速回路的进油腔压力随负载而变化，当工作部件碰到死挡铁停止运动后，其压力将升至溢流阀调定压力，取此压力作控制顺序动作的指令信号。而在回油节流调速回路中是回油腔压力随负载变化，工作部件碰上死挡铁后压力下降至零，故取此零压发讯。因此，在死挡铁定位的节流调速回路中，压力继电器的安装位置应与流量控制阀同侧，且紧靠液压缸。

⑤ 启动性能。回油节流阀调速回路中，若停车时间较长，液压缸回油腔的油液会泄漏回油箱，重新启动时背压不能立即建立，会引起瞬间工作机构的前冲现象。对于进油节流调速，只要在开车时关小节流阀即可避免启动冲击。

另外，在回油节流调速回路中，回油腔压力较高，特别是在轻载或载荷突然消失时，如 $A_1/A_2 = 2$，回油腔压力（p_2）将是进油腔压力（p_1）的 2 倍，这对液压缸回油腔和回油管路的强度提出了更高要求。

综上所述，进油、回油节流调速回路结构简单，价格低廉，但效率较低，只宜用在负载变化不大、低速、小功率的场合，如某些机床的进给系统中。

2. 旁路节流调速回路

旁路节流调速回路是将节流阀装在液压缸并联的支路上，其示意图如图 5-3 所示。定量泵输出的流量（q_P）一部分为 Δq 通过节流阀溢回油箱，一部分为 q_1 进入液压缸，使活塞获得一定运动速度。调节节流阀的通流面积，即可调节进入液压缸的流量，从而实现调速。由于溢流功能由节流阀来完成，故正常工作时溢流阀处于关闭状态，溢流阀作安全阀用,其调定压力为最大负载压力的1.1~1.2倍。液压泵的供油压力(p_P)取决于负载。

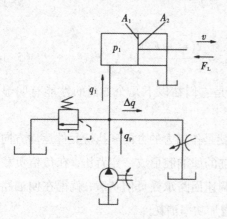
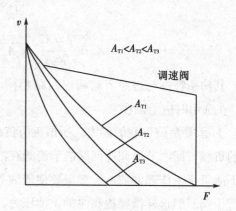

图5-3　旁路节流调速回路示意图　　　　　图5-4　速度负载特性曲线

(1)速度负载特性。

由图5-4可以看出,当节流阀通流面积一定而负载增加时,速度显著下降,负载越大,速度刚性越大;当负载一定时,节流阀通流面积越小(活塞运动速度越高),速度刚性越大。这与前两种调速回路正好相反。由于负载变化引起泵的泄漏对速度产生附加影响,导致这种回路的速度负载特性较前两种回路要差。

从图5-4还可以看出,回路的最大承载能力随着节流阀通流面积(A_T)的增加而减小。泵的全部流量经节流阀流回油箱,液压缸的速度为零,继续增大A_T已不起调速作用,即这种调速回路在低速时承载能力低,调速范围也小。

(2)功率特性。

液压泵的输出功率为

$$P_P = p_L q_P$$

式中,p_L——负载压力,$p_L = F_L/A_1$。

液压缸的输出功率为

$$P_1 = F_L v = p_L A_1 v = p_L q_1$$

功率损失为

$$\Delta P = P_P - P_1 = p_L q_P - p_L q_1 = p_L \Delta q \tag{5-15}$$

回路效率为

$$\eta = \frac{P_P - \Delta P}{P_P} = \frac{p_L q_1}{p_L q_P} = \frac{q_1}{q_P} \tag{5-16}$$

由式(5-15)和式(5-16)可以看出,旁路节流调速回路只有节流损失,而无溢流损失,因而功率损失比前两种调速回路小,效率高。这种调速回路一般用于功率较大且对速度稳定性要求不高的场合。

3. 改善节流调速负载特性的回路

采用节流阀的节流调速回路的速度刚性差，主要是由于负载变化引起的节流阀前后压差变化，使通过节流阀的流量发生了变化。在负载变化较大而又要求速度稳定时，这种调速回路远不能达到要求。如果用调速阀代替节流阀，回路的负载特性将大为提高。

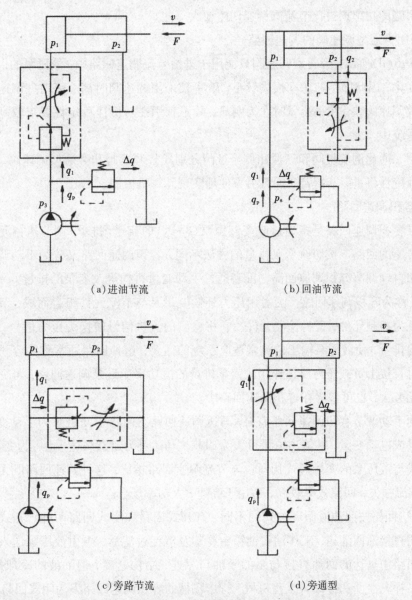

(a)进油节流　　　　　　　　　　(b)回油节流

(c)旁路节流　　　　　　　　　　(d)旁通型

图 5-5　采用调速阀、旁通型调速阀的调速回路示意图

(1)采用调速阀的调速回路。

根据调速阀在回路中安放的位置不同，有进油节流、回油节流和旁路节流等多种方式，如图 5-5(a)(b)(c)所示，它们的回路构成、工作原理同各自对应的节流阀调速回路基本一样。由于调速阀本身能在负载变化的条件下保证节流阀两端压差基本不变，因而，回路的速度刚性大为提高。旁路节流调速回路的最大承载能力亦不因活塞速度的降低而减小。需要指出，为了保证调速阀中定差减压阀起到压力补偿作用，调速阀两端压差必须大于一定数值（中低压调速阀为 0.5 MPa，高压调速阀为 1 MPa），否则调速阀和节流阀调速回路的负载特性将没有区别。由于调速阀的最小压差比节流阀的压差大，所以其调速回路的功率损失比节流阀调速回路要大一些。

（2）采用旁通型调速阀的调速回路。

如图 5-5(d)所示，旁通型调速阀只能用于进油节流调速回路中，液压泵的供油压力随负载而变化，因此回路的功率损失较小，效率较采用调速阀时高。旁通型调速阀的流量稳定性较调速阀差，在小流量时尤为明显，故不宜用在对低速稳定性要求较高的精密机床调速系统中。

如果用二通比例流量阀和三通比例流量阀分别代替调速阀和旁通型调速阀，其调速回路的负载特性将进一步提高，而且可方便地实现计算机控制。

（二）容积调速回路

变量泵容积调速回路是指通过改变液压泵（马达）的流量（排量）调节执行元件的运动速度或转速的回路。按照改变泵排量的方法不同，容积调速回路又分为手动调节容积调速回路和自动调节容积调速回路。前者通过手动变量机构等改变泵的排量，一般为开环控制，又称为容积调速回路。后者由压力补偿变量泵与节流元件组合而成，节流元件在回路中既为控制元件，又为检测元件。它将检测的流量信号转换为压力信号，反馈作用改变泵的排量，使液压泵输出的流量适应系统的需要，这种回路通常称为容积节流调速回路。对直接由负载压力反馈作用改变泵排量的恒功率变量泵调速回路，可视为节流元件开口无穷大，也可包含在容积调速回路中。

典型的手动调节容积调速回路有泵-马达调速回路。回路中变量泵为手动变量、手动伺服变量或电动变量，其输出流量可人为调节。马达可为定量马达，也可为变量马达，其变量形式与液压泵的变量形式相同。与节流调速回路相比，这种调速回路既无溢流损失，又无节流损失，回路效率较高，适用于高速、大功率场合。

泵-马达回路按照油液循环方式的不同，有开式回路和闭式回路两种。开式回路中马达的回油直接通回油箱，工作油在油箱中冷却及沉淀过滤后，再由液压泵送入系统循环。闭式回路中马达的回油直接与泵的吸油口相连，结构紧凑，但油液的冷却条件差，需设辅助泵补充泄漏和冷却。工程机械、行走机械的容积调速回路多为闭式回路。

1. 变量泵-定量马达调速回路

图 5-6(a)为变量泵-定量马达调速回路工作原理图。回路中高压管路上设有安全阀4，用以防止回路过载；低压管路上连接一小流量的辅助泵1，用以补充主泵3和马达5的泄漏，其供油压力由溢流阀6调定。辅助泵与溢流阀使低压管路始终保持一定压力，不仅改善了主泵的自吸条件，而且可置换部分发热油液，降低系统温升。

在这种回路中，液压泵的转速和液压马达的排量视为常量，改变泵的排量可使马达转速(n_M)和输出功率(P_M)随之成比例变化。马达的输出转矩(T_M)回路的工作压力取决于负载转矩，不会因调速而发生变化，所以这种回路常被称为恒转矩调速回路。其回路特性曲线如图 5-6(b)所示。需要注意的是，这种回路的速度刚性受负载变化影响的原因与节流调速回路有根本的不同，即随着负载转矩增加，因泵和马达的泄漏增加，致使马达输出转速下降。这种回路的调速范围一般为 $R_c \approx 40$。

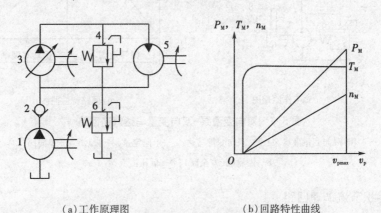

（a）工作原理图　　　　　　　　　（b）回路特性曲线

图 5-6　变量泵-定量马达调速回路

1—辅助泵；2—单向阀；3—主泵；4—安全阀；5—马达；6—溢流阀

2. 变量泵-变量马达调速回路

图 5-7(a)为双向变量泵-双向变量马达调速回路工作原理图。该回路中各元件对称布置，变换泵的供油方向，可实现马达正、反向旋转。单向阀 4 和 5 用于辅助泵 3 双向补油，单向阀 6 和 7 使溢流阀 8 在两个方向都起过载保护作用。一般机械要求低速时有较大的输出转矩，高速时能提供较大的输出功率，采用这种回路恰好可以达到这个要求。在低速段，先将马达排量调至最大，用变量泵调速，当泵的排量由小变大，直至最大，马达转速随之升高，输出功率亦随之线性增加。此时因马达排量最大，马达能获得最大输出转矩，且处于恒转矩状态。在高速段，泵为最大排量用变量马达调速，将马达排量由大调小，马达转速继续升高，输出转矩随之降低。此时因泵处于最大输出功率，状态不变，故马达处于恒功率状态。其回路特性曲线如图 5-7(b)所示。由于泵和马达的排量都可以改变，扩大了回路调速范围，一般 $R_c \approx 100$。

上述回路的恒功率调速区段相当于定量泵-变量马达调速回路。定量泵-变量马达调速回路因为调速范围较小，又不能利用马达的变量机构来实现马达平稳反向，调节不方便，故很少单独使用。

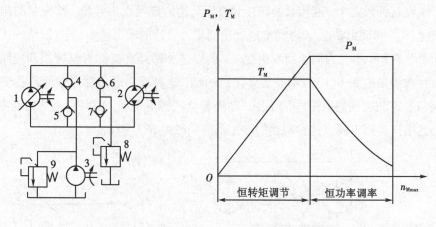

（a）工作原理图　　　　　　　　（b）回路特性曲线

图 5-7　双向变量泵-双向变量马达调速回路

1—双向变量液压泵；2—双向变量马达；3—单向定量泵；4,5,6,7—单向阀；

8—溢流阀（安全阀）；9—低压溢流阀

（三）容积节流调速回路

1. 恒功率变量泵调速回路

如图 5-8(a)，恒功率变量泵的出口直接接液压缸的工作腔，泵的输出流量全部进入液压缸，泵的出口压力即液压缸的负载压力。因为负载压力反馈作用在泵的变量活塞上，与弹簧力相比较，因此负载压力增大时，泵的排量自动减小，并保持压力和流量的乘积为常量，即功率恒定，其回路特性曲线见图 5-8(b)。压力机系统是这种调速回路典型的应用实例。

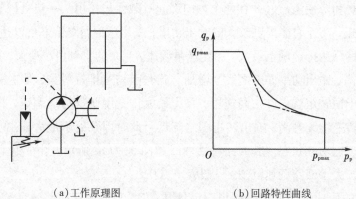

（a）工作原理图　　　　　　　　（b）回路特性曲线

图 5-8　恒功率变量泵调速回路

2. 限压式变量泵和调速阀的调速回路

限压式变量泵和调速阀的调速回路采用限压式变量泵供油，通过调速阀来确定进入液压缸或自液压缸流出的流量，并使变量泵输出的流量与液压缸所需的流量自相适应。这种调速没有溢流损失，效率较高，速度稳定性比手动调节容积调速回路好。

（1）回路的工作原理。

如图 5-9（a）所示，变量泵 1 输出的压力油经调速阀 2 进入液压缸工作腔，回油经背压阀 3 返回油箱。改变调速阀中节流阀的通流面积（A_T）的大小，就可以调节液压缸的运动速度，泵的输出流量（q_p）和通过调速阀进入液压缸的流量（q_1）自相适应。例如，将 A_T 减小到某一值，在关小节流开口的瞬间，泵的输出流量还未来得及改变，出现了 $q_p > q_1$，导致泵的出口压力（p_p）增大，其反馈作用使变量泵的流量（q_p）自动减小到与 A_T 对应的流量（q_1）；反之，将 A_T 增大到某一值，将出现 $q_p < q_1$，会使泵的出口压力降低，其输出流量自动增大到 $q_p \approx q_1$。由此可见，调速阀不仅起调节作用，而且可以作为检测元件将其流量转换为压力信号控制泵的变量机构。对应于调速阀一定的开口，调速阀的进口（即泵的出口）具有一定的压力，泵输出相应的流量。

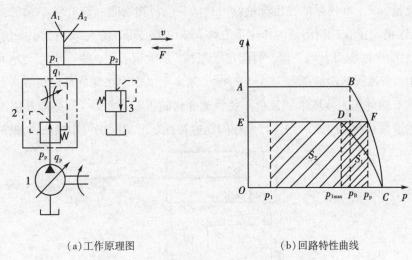

（a）工作原理图　　　　　　　　（b）回路特性曲线

图 5-9　限压是变量泵和调速阀的调速回路

（2）回路的特性曲线。

如图 5-9（b）所示，曲线 *ABC* 是限压式变量泵的压力-流量特性，曲线 *CDE* 是调速阀在某一开度时的压力-流量特性，点 *F* 是工作点。由图 5-9（b）可见，这种回路无溢流损失，但有节流损失，其大小与液压缸工作压力（p_1）有关。当进入液压缸的工作流量为 q_1、泵的出口压力为 p_p 时，为了保证调速阀正常工作所需的压差（Δp_1），液压缸的工作压力最大值应该是：当 $p_1 = p_{1max}$ 时，回路的节流损失最小［图 5-9（b）中阴影面积 S_1］；p_1 越小，则节流损失越大［图 5-9（b）中阴影面积 S_2］。若不考虑泵的出口至缸的入口的流量损失，回路的效率为

$$\eta_c = \frac{p_1 q_1}{p_p q_p} \times \frac{p_1}{p_p} \tag{5-17}$$

由式（5-17）可以看出，当负载变化较大且大部分时间处于低负载下工作时，回路效率不高。泵的出口压力应略大于 $\Delta p_1 + p_{1max}$，其中，p_{1max} 为液压缸最大工作压力，Δp_1 为调

速阀正常工作所需压差。这种调速回路中的调速阀也可以装在回油路上。

3. 差压式变量泵和节流阀的调速回路

差压式变量泵和节流阀的调速回路采用差压式变量泵供油，通过节流阀来确定进入液压缸或自液压缸流出的流量，不但使变量泵输出的流量与液压缸所需流量自相适应，而且液压泵的工作压力能自动跟随负载压力的增减而增减。

（1）回路的工作原理。

如图 5-10 所示，在液压缸的进油路上有一节流阀，节流阀两端的压差反馈作用在变量泵的两个控制活塞（柱塞）上。其中柱塞 1 的面积和活塞 2 的活塞杆面积相等。因此变量泵定子的偏心距大小，也就是泵的流量受到节流阀两端压差的控制。溢流阀 4 为安全阀，固定阻尼 5 用于防止定子移动过快引起的振荡。改变节流阀开口，就可以控制进入液压缸的流量（q_1），并使泵的输出流量（q_p）自动与（q_1）相适应。若 $q_p > q_1$，泵的供油压力 p_p 将上升，泵的定子在控制活塞的作用下右移，减小偏心距，使 q_p 减小至 $q_p \approx q_1$；反之，若 $q_p < q_1$，泵的供油压力 p_p 将下降，引起定子左移，加大偏心距，使 q_p 增大至 $q_p \approx q_1$。在这种回路中，节流阀两端的压差为 $\Delta p = p_p - p_1$，基本上由作用在变量泵控制活塞上的弹簧力 F_t 来确定，因此输入液压缸的流量不受负载变化的影响。此外，回路能补偿因负载变化引起泵的泄漏变化，故该回路具有良好的稳速特性。节流阀也可串接在回油路上。

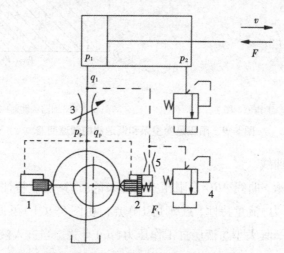

图 5-10　差压式变量泵和节流阀的调速回路的工作原理图

（2）回路效率。

由于液压泵输出的流量始终与负载流量相适应，泵的工作压力（p_p）始终比负载压力（p_1）大一恒定值，即 F_t / A_0（A_0 为泵的控制活塞作用面积）。回路不但没有溢流损失，而且节流损失较限压式变量泵和调速阀的调速回路小，因此回路效率高，发热小。回路效率为

$$\eta_{c} = \frac{p_1 q_1}{p_p q_p} = \frac{p_1}{p_1 + \frac{F_t}{A_0}} \tag{5-18}$$

综上所述，回路中的节流阀在起流量调节作用的同时，又将流量检测为压力差信号，反馈作用控制泵的流量，泵的出口压力等于负载压力加节流阀前后的压力差。若用手动滑阀或电液比例节流阀替代普通节流阀，并根据工况需要随时调节阀口大小以控制执行元件的运动速度，则泵的压力和流量均适应负载的需求，因此回路又称为功率适应调速回路或负载敏感调速回路，特别适用于负载变化较大的场合。

（四）调速回路的比较和选用

1. 调速回路的比较

液压系统中的调速回路应能满足如下的一些要求，这些要求是评价调速回路的依据。

（1）能在规定的调速范围内调节执行元件的工作速度。

（2）在负载变化时，已调好的速度变化越小越好，并应在允许的范围内变化。

（3）具有驱动执行元件所需的力或转矩。

（4）使功率损失尽可能小，效率尽可能高，发热尽可能小。

表5-1所列为前面所述三类调速回路主要性能的比较。

表5-1 三类调速回路主要性能的比较

主要性能		调速回路类型						
		节流调速回路				容积调速回路	容积节流调速回路	
		用节流阀调节		用调速阀或溢流节流阀调节		（变量泵-液压缸式）	定压式	变压式
		定压式	变压式	定压式	变压式			
机械特性	速度刚性	差	很差	好		较好	好	
	承载能力	好	较差	好		较好	好	
调速特性（调速范围）		大	小	大		较大	大	
功率特性	效率	低	较高	低	较高	最高	较高	高
	发热	大	较小	大	较小	最小	较小	小
适用范围		小功率、轻载或低速的中低压系统				大功率、重载高速的中高压系统	中小功率的中压系统	

2. 调速回路的选用

调速回路的选用与主机采用液压传动的目的有关，而且要综合考虑各方面的因素后才能做出决定。下面用机床作为例子来进行说明。

在机床上，首先考虑的是执行元件的运动速度和负载性质。一般来说，速度低的用节流调速回路；速度稳定性要求高的用调速阀式调速回路，要求低的用节流调速回路；负载小、负载变化小的用节流调速回路，反之则用容积调速回路或容积节流调速回路。

其次考虑的是功率大小。一般认为 3 kW 以下的用节流调速回路；3~5 kW 的用容积节流调速回路或容积调速回路；5 kW 以上的则用容积调速回路。

最后从设备费用上考虑。要求费用低廉时，用节流调速回路；允许费用高些时，则用容积节流调速回路或容积调速回路。

（五）差动增速回路

如图 5-11 所示的回路是利用二位三通电磁换向阀 5 组成的差动连接回路，是机床中常用的实现"快进—工进—快退"的回路。当换向阀 3 在左位、5 在上位时回路构成差动连接，液压缸大腔进油，执行元件实现快速进给运动，一方面液压泵全流量供油，另一方面，液压缸的作用面积小，故运动速度较高。执行元件的运动速度为

$$v_1 = \frac{q}{\frac{\pi}{4}d^2} \tag{5-19}$$

式中，d 为活塞杆的直径，而 q 为进入液压缸的流量。

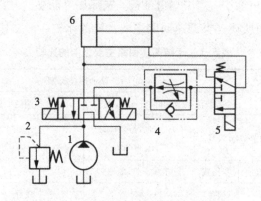

图 5-11　差动增速回路工作原理图
1—液压泵；2—溢流阀；3—三位四通电磁换向阀；4—单向节流阀；
5—二位三通电磁换向阀；6—液压缸

当阀 5 通电时差动连接即被解除，液压缸的回油经过调速阀到油箱，形成调速阀回油节流调速，液压泵一部分流量（q_1）进入液压缸，另一部分流量（q_2）经溢流阀 2 回油箱，实现工作进给运动；一方面液压泵部分流量供油，另一方面，液压缸的作用面积大，故运动速度较低。运动速度为

$$v_2 = \frac{q_1}{\frac{\pi}{4}D^2} \tag{5-20}$$

式中，D 为液压缸大腔的直径。

当换向阀 3 在右位，阀 5 通电在下位，液压缸实现快退功能，一方面液压泵全流量供油，另一方面，液压缸的作用面积小，故运动速度较高。快退的速度为

$$v_3 = \frac{q}{\frac{\pi}{4}(D^2 - d^2)} \tag{5-21}$$

（六）蓄能器增速回路

当液压系统在某个较短的时间内需要较高的速度时，可以采用蓄能器增速，其工作原理图如图 5-12 所示。当换向阀 5 在左位时，泵 1 和蓄能器 4 共同向液压缸供油，以提高液压缸的运动速度；当系统不工作时，换向阀 5 处于中位，液压泵经单向阀 3 向蓄能器充液，蓄能器充满且压力达到预定值后打开卸荷阀 2 使液压泵卸荷。蓄能器增速回路的优点是可以用流量较小的液压泵达到使执行元件增速的目的。

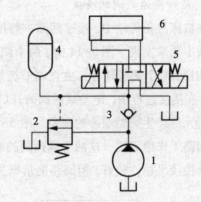

图 5-12　蓄能器增速回路工作原理图
1—液压泵；2—卸荷阀；3—单向阀；4—蓄能器；
5—三位四通电磁换向阀；6—液压缸

（七）快慢速换接回路

快慢速换接回路的作用是使执行元件在一个工作循环中，从一种速度变换到另一种速度，从而实现从快进到工进或从一种工进到另一种工进的过程。

1. 快速与慢速之间的换接回路

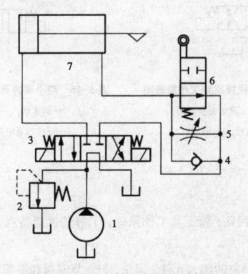

图 5-13　用行程阀控制的快、慢速换接回路工作原理图
1—液压泵；2—溢流阀；3—三位四通电磁换向阀；4—单向阀；5—节流阀；
6—二位二通行程阀；7—液压缸

图 5-13 所示为用行程阀控制的快、慢速换接回路工作原理图。换向阀 3 到达左位时，执行元件快进，当活塞杆上的挡块压下行程阀 6 时，液压缸回油必须经过节流阀 5 到达油箱，为节流调速状态，使活塞转变为慢速工进；当换向阀 3 右位接入油路时，进油经过单向阀 4 到执行元件小腔，执行元件慢速退回，当活塞离开行程阀 6 的滚轮、阀 6 下位接入回路时，执行元件快速返回。该方式换接平稳。

2. 两种慢速之间的换接

在机床液压传动中，慢速回路一般用到调速阀，两种慢速的转换通过用两个调速阀并联或串联来实现。图 5-14 中，两个调速阀并联，用二位三通电磁换向阀 3 进行两种慢速的切换，两个调速阀各自独立调节流量，互不影响。一个调速阀工作时，另一个无油通过，在换接过程中，定差减压阀的开口处于最大位置，速度换接时会有大量的油通过，使执行元件产生突然前冲的现象。图 5-15 所示为用两个调速阀串联实现不同速度的换接的回路工作原理图。这两个调速阀的流量不同，从而实现两种慢速的换接。这种回路的速度换接平稳性较好，但回路能量损失较大。

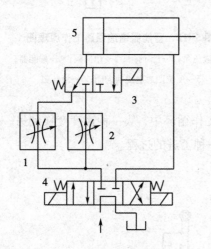

图 5-14 两个调速阀并联换接回路工作原理图
1，2—调速阀；3—二位三通电磁换向阀；
4—三位四通电磁换向阀；5—液压缸

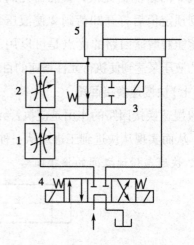

图 5-15 两个调速阀串联换接回路工作原理图
1，2—调速阀；3—二位二通电磁换向阀；
4—三位四通电磁换向阀；5—液压缸

【任务实施】

组装各类速度控制回路，验证其工作原理，了解其性能特点，学习常见故障的诊断及排除方法。

(1)选择组装回路所需的四大元件，即泵、缸、节流阀和溢流阀，以及其他元件。

(2)在实验台上布置好各元件的大概位置。

(3)按照图纸组装速度控制回路，并检查其可靠性。

（4）接通主油路，将泵的压油口与节流阀的进油口连接起来，再将节流阀的出油口连接缸的左腔，缸的右腔连接油箱。将泵的压油口连接溢流阀的进油口，将溢流阀的回油口连接油箱。

（5）让溢流阀全开，启动泵，再将溢流阀的开度逐渐减小，调试回路，观察缸的速度变化。如果缸不动，要检查管子是否接好、压力油是否送到位。

（6）验证结束，拆装回路，清理元件及实验台。

【任务评价】

表 5-2　解析速度控制回路任务评价表

序号	能力点	掌握情况	序号	能力点	掌握情况
1	安全操作		3	功能验证	
2	速度控制回路的组装		4	故障诊断	

任务二　解析压力控制回路

【任务目标】

- 掌握调压回路的调压原理及其分类；
- 掌握减压回路的调压原理；
- 掌握常见卸荷回路的卸荷方式；
- 了解平衡回路的工作原理。

【知识与技能】

压力控制回路是利用压力控制阀来控制整个系统或局部支路的压力，以满足执行元件对力和转矩的要求的回路。

压力控制回路包括调压回路、减压回路、卸荷回路、平衡回路、保压回路、增压回路、泄压回路等。

（一）调压回路

调定和限制液压系统整体或某一部分的最高工作压力，或者使执行机构在工作过程的不同阶段实现多级压力变换的回路称为调压回路。

在泵的出口处并联溢流阀可调节系统的最高压力，此为单级调压回路。如并联比例溢流阀，可通过改变输入电流来实现远距离无级或远程调压。

1. 多级调压回路

多级调压回路工作原理图如图 5-16 所示。先导型溢流阀 1 的遥控口串联三位四通换向阀 4 和远程调压阀 2，3。当三位四通换向阀为中位时，系统压力由先导型溢流阀 1 调定。三位四通换向阀换向到左位或右位，系统压力由远程调压阀 2 或远程调压阀 3 决定，得到 p_2 和 p_3 两种压力，但其调定压力须符合 p_2 和 p_3 小于 p_1。多级调压回路的动作循环表如表 5-3 所列。

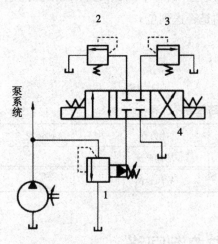

图 5-16 多级调压回路工作原理图

1—先导型溢流阀；2，3—远程调压阀；
4—三位四通换向阀

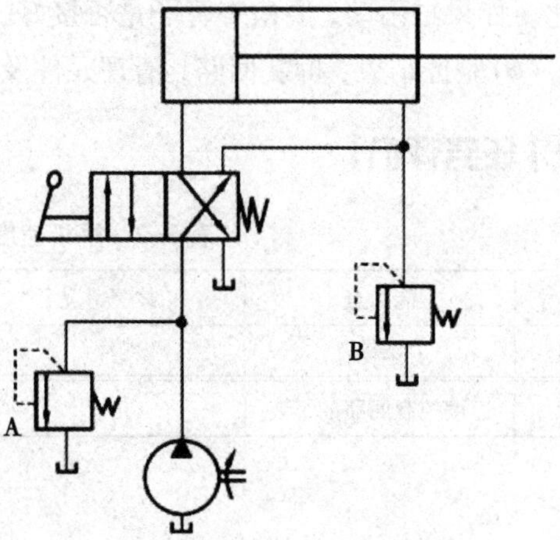

图 5-17 双向调压回路工作原理图

2. 双向调压回路

双向调压回路工作原理图如图 5-17 所示，当处于图示位置时，油缸左行，系统压力由压力较低的溢流阀 B 调定。当油缸右行时，系统压力由溢流阀 A 调定。

表 5-3 多级调压回路的动作循环表

序号	动作名称	1YA	2YA	起作用的阀
1	1 级压力	+	−	阀 2
2	2 级压力	−	+	阀 3
3	3 级压力（高）	−	−	阀 1

（二）减压回路

减压回路的功用是使系统中的某一部分油路具有较低的稳定压力，其工作原理图如图 5-18 所示。夹紧缸压力低于主油路压力，由比例减压阀 1 和溢流阀 2（更低）调定压力；另外还采用比例减压阀来实现无级减压。

为了使减压回路工作可靠，减压阀调定压力的最高值至少比系统压力小 0.5 MPa，最低值不应小于 0.5 MPa。当需要调速时，调速元件应放在比例减压阀的下端，以避免因比例减压阀泄漏对执行元件的速度产生影响。

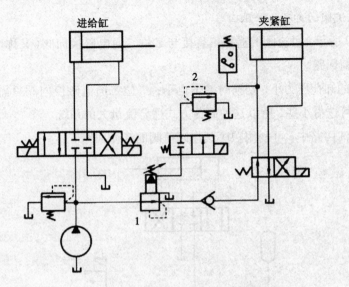

图 5-18　二级减压回路工作原理图

1—比例减压阀；2—溢流阀

(三)卸荷回路

卸荷回路是液压泵输出功率近似为零的回路。卸荷回路的功用是使泵的驱动电动机不频繁启停，以减少功率损失和系统发热，延长泵和电动机的使用寿命。液压泵在压力或流量接近为零时运转。

1. 换向阀的卸荷回路

图 5-19 所示为利用二位二通换向阀使泵卸荷的卸荷回路图。在图 5-19(b)中，当 M 型(或 H 型、K 型)换向阀处于中位时，可使泵卸荷，但切换压力冲击大，适用于低压小流量的系统。对于高压大流量的系统，可采用 M 型(或 H 型、K 型)电液换向阀对泵进行卸荷，所以，切换时压力冲击小，但必须使系统保持 0.2~0.3 MPa 的压力，供控制油路使用。

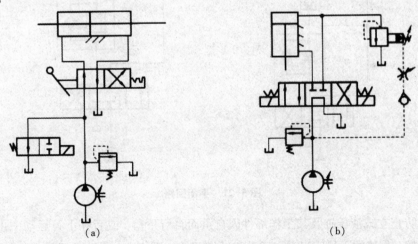

(a)　　　　　　　　　　　　　　(b)

图 5-19　二位二通换向阀的卸荷回路图

2. 电磁溢流阀的卸荷、保压回路

如图 5-20 所示,溢流阀的遥控口直接与二位二通电磁换向阀(又称电磁溢流阀)相连,即构成卸荷回路。

这种回路的卸荷压力小,切换时冲击也小;二位二通电磁换向阀只需通过很小的流量,规格尺寸可选得小些,所以这种卸荷方式适合流量大的系统。

在双泵供油回路中,可利用顺序阀作卸荷阀的卸荷回路。

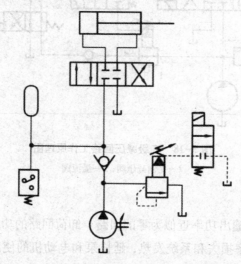

图 5-20 电磁溢流阀的卸荷、保压回路

(四)平衡回路

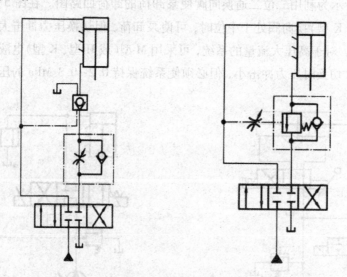

图 5-21 平衡回路

为了防止立式液压缸及其工作部件因自重而自行下落,或者在下行运动中由于自重而造成失控、失速的不稳定运动,可设置平衡回路。图 5-21 所示为用单向外控顺序阀、

单向节流阀限速，用液控单向阀锁紧的平衡回路。

（五）保压回路

执行元件在工作循环的某一阶段内，若需要保持规定的压力，就应采用保压回路。

图 5-22 所示为利用蓄能器的多缸系统保压回路工作原理图。进给缸快进时，泵压下降，单向阀 3 关闭，把夹紧油路和进给油路隔开。蓄能器 5 用来给夹紧缸保压并补充泄漏油液。压力继电器 4 的作用是当夹紧缸压力达到预定值时发出信号，从而使进给缸动作。

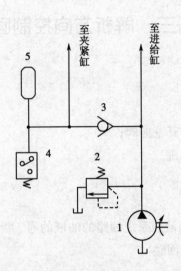

图 5-22 蓄能器的保压回路工作原理图

1—单向定量液压泵；2—溢流阀；3—单向阀；4—压力继电器；5—蓄能器

【任务实施】

组装各类压力控制回路，验证其工作原理，了解其性能特点，学习常见故障的诊断及排除方法。

（1）选择组装回路所需要的元件。

（2）在实验台上布置好各元件的大概位置。

（3）按照图纸组装压力控制回路，并检查其可靠性。

（4）接通主油路，将泵的压油口连接溢流阀的进油口，将溢流阀的回油口连接油箱。

（5）让溢流阀全开，启动泵，再将溢流阀的开度逐渐减小，调试回路，观察油压力的变化及回路的动作。

（6）验证结束，拆装回路，清理元件及实验台。

【任务评价】

表 5-4　解析压力控制回路任务评价表

序号	能力点	掌握情况	序号	能力点	掌握情况
1	安全操作		3	功能验证	
2	压力控制回路的组装		4	故障诊断	

任务三　解析方向控制回路

【任务目标】

- 掌握换向回路的方法及其换向阀；
- 掌握锁紧回路的锁紧原理。

【知识与技能】

方向控制回路是通过控制液压系统油路的油液的通、断或改变流向，从而控制执行机构启、停或运行方向的液压回路。

(一)换向回路

改变执行元件运行方向的液压回路称为换向回路。液压系统对换向回路的要求：换向安全、可靠、方便、灵敏、平稳而无液压冲击，换向精度、压力损失、泄漏量等符合设计要求。

一般由换向阀承担运行中的执行元件的换向工作。根据执行元件的换向要求，合理地选择换向阀的中位机能：流量较大、压力较高、换向精度要求较高的液压系统宜选用电液换向阀；采用双向变量泵控制输出流量的液压系统，可利用液压泵的变量机构控制执行元件的换向。换向阀控制执行元件的换向过程由减速预制动、短暂换向停留、反向平稳启动等三步组成。下面介绍时间控制和行程控制的两种换向回路。

1. 时间控制制动式换向回路

如图 5-23 所示，由先导阀 C，换向阀 D，背压阀 A，左、右两个单向节流器等组成时间控制制动式换向回路，又叫时间控制操纵箱。图示位置为工作台向右运行碰到拨杆，先导阀 C 阀芯左移到位，控制油路的压力油经先导阀 C、右单向节流器的单向阀 I_2 进入换向阀 D 的右控制腔；换向阀 D 的左控制腔的回油经左单向节流器的节流阀 J_1、先导阀 C 回油箱。控制油路推动换向阀 D 阀芯左移，阀芯右制动锥逐渐关小回油通道，液压缸活塞运行速度逐渐减慢，换向阀 D 阀芯移过行程距离为 l，回油通道关闭，换向阀 D 阀芯回到 P 型中位，液压缸活塞停止运行，控制压力油推着换向阀 D 阀芯继续左移至液压缸进、出口油路反向接通、启动。换向阀 D 阀芯上的制动锥的半锥角一般取 $\alpha = 1.5° \sim 3.5°$，换向要求不高的取值较大；制动锥长度由试验确定，一般取 $l = 3 \sim 15$ mm；换向阀 D 阀芯移过距离 l 的时间，即活塞制动时间，由节流阀 J_1，J_2 的通流面积大小调控，不计油液黏度变化影响。时间控制制动的换向回路的主要优点：制动时间可根据运行部件的运行速度、惯性的大小调控节流阀 J_1，J_2 的通流面积，控制换向冲击，提高工作效率；利用换向阀 D 的 P 型中位减小换向冲击，提高运行的平稳性。其主要缺点：换向过程的冲击量因受运行部件的速度等因素的影响，换向精度不高。此换向控制回路宜用于对换向精度要求不高，要求运行速度快、运行平稳而无冲击的平面磨床、拉床、刨床液压换向系统。

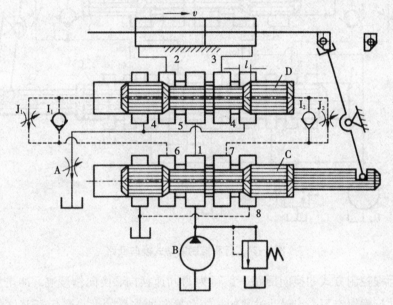

图 5-23 时间控制制动式换向回路工作原理图

2. 行程控制制动式换向回路

如图 5-24 所示，由先导阀 C，换向阀 D，背压阀 A，左、右两个单向节流器等组成行程控制制动式换向回路，又叫行程控制操纵箱。这种回路的主油路受换向阀 D、先导阀 C 控制。图示位置为工作台向右运行碰到拨杆，先导阀 C 阀芯向左移动中的右制动锥把液压缸右腔的回油通道逐渐关小，液压缸活塞运行速度受到预制动而逐渐变慢；当液压缸的回油通道被先导阀 C 阀芯的右制动锥关小到轴向开口量只有 $0.2 \sim 0.5$ mm，且活塞运行速度很慢时，控制油路的压力油经先导阀 C、右单向节流器的单向阀 I_2 进入换向阀 D 的右控制腔；换向阀 D 的左控制腔的回油经左单向节流器的节流阀 J_1、先导阀 C 回油箱。控制油路推动换向阀 D 阀芯左移，切断主油路通道，换向阀 D 阀芯回到 P 型中位，液压缸活塞停止运行，控制压力油推着换向阀 D 阀芯继续左移至液压缸进、出口油路反向接通、启动。不管工作台运行部件运行速度快慢，先导阀 C 阀芯先移过一段距离(l)使运行部件经减速预制动后，换向阀 D 才步入换向程序的控制方式称为行程控制制动。先导阀 C 的制动锥的半锥角一般取 $\alpha=1.5°\sim3.5°$，阀的制动锥的半锥角为 $\alpha=5°$，长度取 $l=2\ mm$。

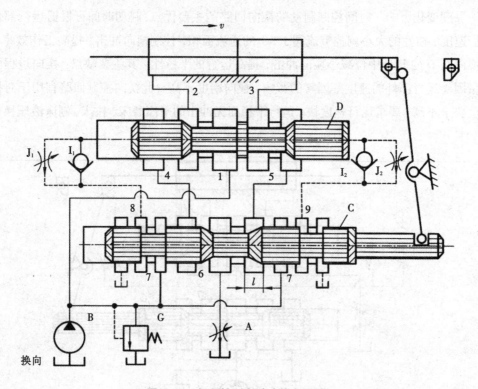

图 5-24　行程控制制动式换向回路

采用行程控制方式的换向回路一般可视为同速换向，换向精度高，冲击量较小；先导阀的制动行程恒定不变，制动时间的长短和换向冲击量的大小受运行部件的速度快慢和惯性的影响。行程控制制动式换向回路宜用于主机运行速度不太大、换向精度要求较高的外圆磨床等液压换向系统。

(二)液压锁紧回路

液压锁紧回路的功能是确保执行元件能在任意位置长时间停留，且不因外力的作用发生工作位置移动。以下几种回路为最常见的液压锁紧回路。

1. 采用换向阀中位机能锁紧回路

图 5-25 采用 M 型(或 O 型)中位机能锁紧的液压锁紧回路。其特点是结构简单，无须增加其他设备。其缺点是液压滑阀副环形间隙泄漏较大，锁紧效果欠佳，只能适用于要求不高或锁紧时间短暂的液压系统。

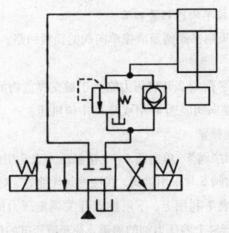

图 5-25 液压锁紧回路 1

2. 采用液压锁锁紧回路

如图 5-26(a)所示,利用液控单向阀 4,5 相向并联接入液压缸左、右两腔,相互控制液控单向阀 4,5 的反向启、闭的液压回路称为液压锁锁紧回路,又叫液压锁。1YA 通电,换向阀 3 左位工作,压力油经换向阀 3 左位、液控单向阀 4 输入液压缸左腔,控制压力油路打开液控单向阀 5,液压缸右腔回油经液控单向阀 5、换向阀 3 左位回油箱,液压缸活塞向右运行;2YA 通电,液压缸活塞向左运行;1YA,2YA 断电,换向阀处于 H 型中位,液压锁关闭。液控单向阀常采用锥阀,线性密封性能好、液压缸的锁紧可靠性好,其锁紧精度取决于液压缸的泄漏。此回路常用于工程机械、起重运输机械、液压缸竖式压力机械等要求锁紧性能好、安全操作性要求高的工作场合,为防止误动,液控单向阀应选外泄式,换向阀选 H 型或 Y 型中位机能。

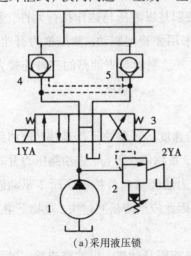

（a）采用液压锁

1—单向定量泵;2—溢流阀;

3—三位四通电磁换向阀;4,5—液控单向阀

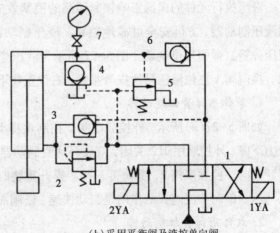

（b）采用平衡阀及液控单向阀

1—三位四通电磁换向阀;2—平衡阀;3,4—液控单向阀;

5—外控顺序阀;6—单向阀;7—压力表

图 5-26 液压锁紧回路 2

3. 采用平衡阀及液控单向阀锁紧回路

图 5-26(b)所示为采用平衡阀及液控单向阀的锁紧回路。

(1)平衡阀锁紧。

平衡阀锁紧是利用平衡阀 2 开启压力略大于被支撑重物的压力而具有的锁紧功能。为确保锁紧效应可靠，换向阀应选 M 型或 O 型中位机能。

(2)液压缸上腔高压锁紧。

由吸入阀 4、外控顺序阀 5、单向阀 6、电接触压力表 7 组成液压缸上腔高压锁紧液压回路。吸入阀 4、单向阀 6 常采用锥阀，线性密封性能好，对液压缸上腔保压时，锁紧可靠性好。电接触压力表 7 利用上、下限触点开关调定压力的信息控制 1YA 的通、断电，接通或切断输入液压缸上腔压力油的通道，补充液压缸的泄漏，提高锁紧回路精度。液压缸上腔高压控制油路打开外控顺序阀 5，接通回油通道，防止误动油路打开吸入阀 4 的卸荷阀，确保高压锁紧设定时间，液压锁紧稳定性好。

(3)液压缸下腔低压锁紧。

由平衡阀 2、液控单向阀 3、吸入阀 4、外控顺序阀 5 组成液床缸下腔低压锁紧回路。液压缸上腔高压控制下腔低压锁紧，平衡阀 2 调定低压锁紧压力，上腔高压控制油路打开外控顺序阀 5，接通回油通道。当 2YA 通电时，换向阀 1 左位工作，外控顺序阀 5 先把大部分压力油引回油箱，仅留一小支流压力油打开吸入阀 4 的卸荷阀，使液压缸上腔卸荷后，关闭外控顺序阀 5，控制油路打开吸入阀 4，导通液压缸上腔经吸入阀 4 通油箱的回油路，压力油才能进入液压缸下腔锁紧回路。这种锁紧回路既有效地防止液压缸上腔高压开启的液压卸荷冲击，又确保低压锁紧安全可靠。

(三)液压制动回路

液压执行元件的泄漏影响锁紧回路的锁紧效应，特别是以液压马达作执行元件，采用液压制动器，方可安全可靠地锁紧。液压制动器常采用弹簧闸制动，液压推力开闸，液压弹簧缸弹簧复位制动。图 5-27 所示为液压弹簧缸复位制动与主油路的三种连接方式。换向阀 1 左位液压马达提升重物，右位重物下落。

1. 单作用弹簧缸制动器

如图 5-27(a)所示，外控顺序阀 2 控制重物下落的速度。若重物下落过快，进油路压力下降，外控顺序阀 2 关闭，液压马达受制动器制动，重物停止下行，进油路压力升高打开单向外控顺序阀 2，重物再下行。提升重物时，压力油经单向外控顺序阀 2 驱动液压马达。单向节流阀 3 的作用是制动快速、松闸滞后，因此应严防松闸过快、重物下滑。

2. 双作用弹簧缸制动器

如图 5-27(b)所示，液压弹簧缸制动器两腔分别与液压马达进、出油路连接，弹簧腔积聚油液通回油路，降低制动器弹簧腔泄漏油液黏性阻尼，增大制动器的制动力、制动速度，提高制动器的可靠性。

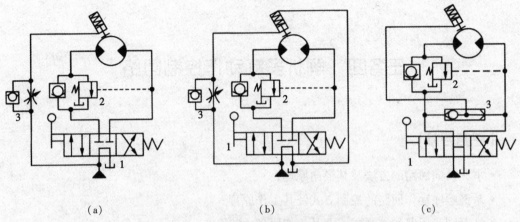

（a）　　　　　　　　　（b）　　　　　　　　　（c）

图 5-27　采用弹簧缸制动的液压制动回路

3. 梭阀控制的弹簧缸制动器

如图 5-27（c）所示，液压弹簧缸制动器通过梭阀 3 与液压马达进、出油路连接，液压马达工作，不管其负载是提升还是下降，压力油经梭阀 3 进入制动器，制动器松闸；液压马达不工作，制动器经梭阀 3 通油箱，制动器上闸。换向阀应选 H 型中位机能。

【任务实施】

组装各类方向控制回路，验证其工作原理，了解其性能特点，学习常见故障的诊断及排除方法。

（1）选择组装回路所需要的四大件即泵、缸、换向阀、溢流阀，以及其他元件。

（2）在实验台上布置好各元件的大概位置。

（3）按照图纸组装系统回路，并检查其可靠性。

（4）接通主油路，将泵的压油口与换向阀的进油口连接起来，再将换向阀的一个工作口连接缸的左腔，另一个工作口连接缸的右腔。将泵的压油口连接溢流阀的进油口，将溢流阀的回油口连接油箱。

（5）让溢流阀全开，启动泵，再将溢流阀的开度逐渐减小，调试回路，如果缸不动，要检查油管是否接好、压力油是否送到位。

（6）验证结束，拆装回路，清理元件及实验台。

【任务评价】

表 5-5　解析方向控制回路任务评价表

序号	能力点	掌握情况	序号	能力点	掌握情况
1	安全操作		3	功能验证	
2	方向控制回路的组装		4	故障诊断	

任务四　解析多缸动作控制回路

【任务目标】

- 掌握换向回路的方法及其换向原理；
- 掌握顺序动作回路的控制方式及其工作原理；
- 掌握同步回路的控制方式及其工作原理；
- 掌握多缸快慢互不干扰回路的工作原理。

【知识与技能】

(一)顺序动作回路

在液压系统中，如果由一个油源给多个液压执行元件输送压力油，这些执行元件会因压力和流量的彼此影响而在动作上互相牵制，因此，必须采用一些特殊的回路才能实现预定的动作要求。例如，自动车床中刀架的纵、横向运动，夹紧机构的定位和夹紧运动等需要使液压缸按照一定顺序动作的场合。

1. 压力控制的顺序动作回路

压力控制就是利用液压系统工作过程中的压力变化，来使执行元件按照顺序先后动作，这是液压系统独具的控制特性。压力控制的顺序动作回路一般用顺序阀或压力继电器来实现。

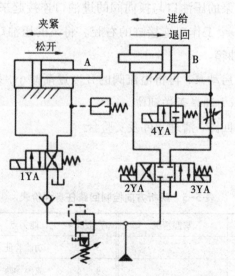

图5-28　压力继电器控制的顺序动作回路

图 5-28 所示为压力继电器控制的顺序动作回路。如图示位置时，压力油进入夹紧液压缸 A 的右腔，左腔回油，活塞向左移动，将工件夹紧。工件夹紧后，液压缸右腔的压力升高。当油压达到压力继电器的调定值时，压力继电器发出信号，令电磁铁 2YA，4YA 通电，进给液压缸 B 实现快速运动。若电磁铁 4YA 断电，则液压缸转为工进。当工作进给终了时，行程开关控制 3YA，4YA 通电，液压缸 B 快速退回原位，1YA 通电，工件松开，然后进入第二个工作循环。回路实现工件先夹紧，进给缸后进给，这一严格的顺序动作是由压力继电器保证的。压力继电器的调整压力应比减压阀的调整压力低 0.3～0.5 MPa。

2. 顺序阀控制的顺序动作回路

图 5-29 所示为采用顺序阀控制的顺序动作回路。顺序阀 D 的调整压力大于液压缸 A 的最大前进工作压力，顺序阀 C 的调整压力大于液压缸 B 的最大返回工作压力。当换向阀右位接入回路时，压力油进入液压缸 A 的左腔，顺序阀 D 关闭，实现动作①；当液压缸 A 的活塞行至终点后，压力上升，油液压力打开顺序阀 D 而进入液压缸 B 的左腔，实现动作②；同样的，当换向阀左位接入回路时，两液压缸按照③和④的顺序返回。这种回路动作的可靠性取决于顺序阀的性能及其压力调整值。为了防止压力脉动时发生误动作，顺序阀的调整值应比前一个动作元件的工作压力高 0.8～1.0 MPa。因此，这种回路适用于液压缸数目不多、负载变化不大的场合。其优点是动作灵敏，安装连接较方便；缺点是可靠性不高，位置精度低。

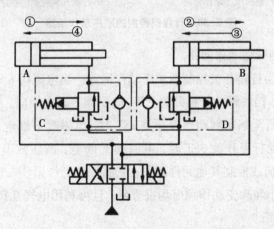

图 5-29　采用顺序阀控制的顺序动作回路

3. 行程控制的顺序动作回路

行程控制就是利用执行元件运动到一定位置时发出控制信号，使下一个执行元件开始动作。行程控制可以利用行程阀、行程开关等来实现。

（1）行程阀控制顺序动作回路。

图5-30（a）所示为行程阀控制的顺序动作回路。图示状态下，A，B两液压缸的活塞均处在右端，当推动手动换向阀 C 的手柄使左位工作时，液压缸 A 左行，完成动作①；当挡块压下行程阀 D 后，液压缸 B 左行，完成动作②；手动换向阀 C 复位后，液压缸 A 先复位，实现动作③；随挡块后移，当行程阀 D 复位后，液压缸 B 退回实现动作④，顺序动作全部完成。这种回路工作可靠，但动作顺序一经确定，再改变就会变得困难，且管道长，布置麻烦。

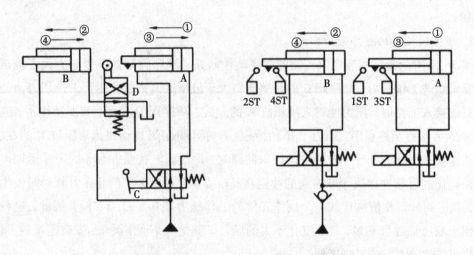

（a）行程阀控制的顺序动作回路　　　　（b）行程开关控制的顺序动作回路

图5-30　行程阀控制的顺序动作回路

（2）行程开关控制顺序动作回路。

图5-30（b）所示为行程开关控制的顺序动作回路。当电磁阀 E 通电换向而使液压缸 A 左行完成动作①后，挡块触动行程开关 1ST，电磁阀 F 通电换向，液压缸 B 左行完成动作②；当液压缸 B 左行至挡块触动行程开关 2ST 时，电磁阀 E 断电，液压缸 A 退回，完成动作③；当挡块触动行程开关 3ST 时，电磁阀 F 断电，液压缸 B 返回，完成动作④。最后触动4ST使泵卸荷或控制其他元件动作，完成一个工作循环。这种回路控制起来灵活方便，调节行程大小和改变动作顺序均很方便，且可利用电气互锁使动作顺序可靠。

（二）同步动作回路

在液压系统中，为满足工作需要，要求两个或两个以上的液压缸在运动中保持相同的位移或速度，即要求液压缸同步运动。从理论上讲，对两个工作面积相同的液压缸输入等量的油液，即可使两液压缸同步，但泄漏、摩擦阻力、制造精度、负载、结构弹性变形及油液中的含气量等因素，都会影响液压缸的同步运动。因此，同步回路的作用就是克服这些影响，补偿它们在流量上所造成的变化，使液压缸实现同步动作。

1. 带补偿措施的串联液压缸的同步回路

图5-31所示为带补偿措施的串联液压缸同步回路。回路中，液压缸 1 有杆腔 A 的

有效面积与液压缸 2 无杆腔 B 的面积相等，便可实现两液压缸的升降同步。为了保证严格同步，采取补偿措施以避免误差的积累，且在每一次下行运动中都可消除同步误差。其原理如下：当换向阀 6 左位工作时，两液压缸活塞同时下行，若液压缸 1 的活塞先运动到底，触动行程开关 1ST 使换向阀 5 通电，压力油经换向阀 5 和液控单向阀 3 向液压缸 2 的 B 腔补油，推动活塞继续运动到底，误差即被消除；若液压缸 2 的活塞先运动到底，则触动行程开关 2ST 使换向阀 4 通电，控制压力油使液控单向阀 3 打开。液压缸 1 的 A 腔油液通过液控单向阀 3 和换向阀 5 回油箱，使活塞继续运动到底。这种串联式同步回路多适用于负载较小的液压系统。

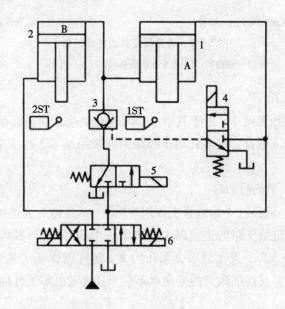

图 5-31　带补偿措施的串联液压缸同步回路

1，2—液压缸；3—液控单向阀；4，5，6—换向阀

2. 调速阀控制的同步回路

图 5-32(a)所示为由单向调速阀组成的同步运动回路。换向阀工作在右位时，液压泵的压力油通过调速阀分别进入两个液压缸的活塞腔，推动活塞杆伸出，调节两个调速阀的通流截面积，可以实现液压缸同步伸出运动；换向阀工作在左位时，液压泵的压力油直接进入两个液压缸的活塞杆腔，活塞腔通过单向阀回油，实现液压缸同步缩回运动。该回路控制的液压缸同步运动的精度较低。为了实现液压缸双向同步精确控制，可采用图 5-32(b)所示的液压桥控制回路，活塞上升时为回油节流调速，活塞下行时为进油节流调速，在液压缸双向运动的回路上都能实现调速阀的控制。

图 5-32(b)所示的回路中采用电液比例调速阀，可以提高同步回路的运动精度。普通调速阀 1 控制液压缸 3，电液比例调速阀 2 控制液压缸 4。当两个活塞出现位置误差时，检测装置发出信号，自动控制阀 2 开启，使两活塞的运动同步。这种回路的位置精

度可达 0.5 mm。

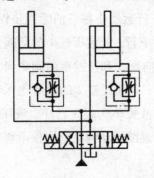 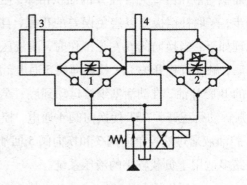

（a）单向调速阀组成的同步运动回路　　　　　　（b）液压桥控制回路

图 5-32　调速阀控制的同步回路

1—调速阀；2—电液比例调速阀；3，4—液压缸

（三）互不干扰回路

在一泵多缸的液压系统中，由于其中一个液压缸快速运动造成系统的压力下降会影响其他液压缸的工作，因此，在多缸动作回路中应采用互不干扰措施，防止液压缸运动中的互相干扰。

1. 用顺序阀防止干扰的回路

如图 5-33 所示，液压缸 4 为夹紧工件用液压缸，液压缸 5 为进给液压缸。为了防止尚未夹紧就进给，在进给支路的进油路上安装了一个顺序阀 1，其调定压力比夹紧缸的动作压力高 0.8~1.0 MPa，且比最小夹紧压力大，这样就保证了夹紧后顺序阀 1 打开，开始实现进给运动，并且切削阻力的变化也不会干扰夹紧缸对工件的夹紧。

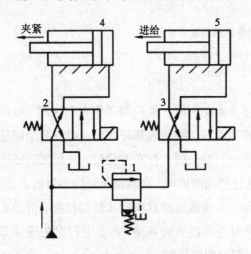 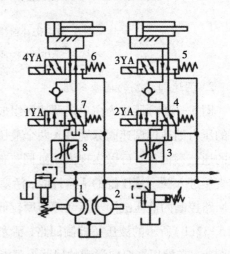

图 5-33　顺序阀防止干扰回路

1—顺序阀；2，3—电磁换向阀；4，5—液压缸

图 5-34　双泵供油多缸快慢速互不干扰回路

1—小流量泵；2—大流量泵；3，8—调速阀；
4，5，6，7—电磁换向阀

2. 多缸快慢速互不干扰回路

图 5-34 所示为双泵供油多缸快慢速互不干扰回路。液压缸 A 和 B 均要完成"快进→工进→快退"工作循环。图示状态下，各液压缸处于原位停止，电磁换向阀 5, 6 的电磁铁 3YA, 4YA 均通电时，各缸均由双联泵中的大流量泵 2 供油并形成差动连接做快速进给，这时若有一个液压缸(如缸 A)先完成快速运动，则挡铁或行程开关动作 1YA 通电，4YA 断电，切断大流量泵 2 进入液压缸 A 的油路，而高压小流量泵 1 输出的压力油从调速阀 8、电磁换向阀 7 和 6 进入液压缸 A 左腔，实现工进，速度由调速阀调节，此时液压缸 B 仍做快进，互不影响。当各缸都转为工进后，它们全由小流量泵 1 供油。此后，若液压缸 A 又先完成工进，行程开关使 1YA, 4YA 均通电，液压缸 A 即由大流量泵 2 供油快退。当所有电磁铁皆断电时，各缸都停止运动，并被锁在原位。由此可见，快速和慢速分别由大流量泵 2 和小流量泵 1 供油，所以能够防止多缸在快速运动中的互相干扰。电磁铁动作顺序见表 5-6。

表 5-6　电磁铁动作顺序表

电磁铁	1YA	2YA	3YA	4YA	供油泵
工进	+	+	−	−	泵 1
快退	+	+	+	+	泵 2

【任务实施】

组装各类多缸控制回路，验证其工作原理，了解其性能特点，学习常见故障的诊断及排除方法。

(1)选择组装回路所需要的元件。

(2)在实验台上布置好各元件的大概位置。

(3)按照图纸组装系统回路，并检查其可靠性。

(4)接通主油路，让溢流阀全开，启动泵，再将溢流阀的开度逐渐减小，调试回路，观察各缸动作情况。如果缸不动，要检查油管是否接好、压力油是否输送到位。

(5)验证结束，拆装回路，清理元件及实验台。

【任务评价】

表 5-7　解析多缸动作控制回路任务评价表

序号	能力点	掌握情况	序号	能力点	掌握情况
1	安全操作		3	功能验证	
2	多缸动作回路的组装		4	故障诊断	

项目六　解析液压辅助元件

【背景知识】

在液压传动系统中，有很多的辅助元件用来保证系统正常工作。常见的液压辅助元件有油箱、滤油器、蓄能器、密封件、热交换器和管件等。液压传动系统的辅助元件都是系统中不可缺少的组成部分，它们对系统的性能、效率、温升、噪声和寿命等有很大的影响。因此，在设计、制造和使用液压设备时，对辅助元件必须予以足够的重视。

任务一　解析蓄能器

【任务目标】

- 了解蓄能器的分类、结构与特点；
- 理解蓄能器的功用；
- 掌握蓄能器的安装与使用。

【任务描述】

完成液压试验台蓄能器的拆装，观察其内部结构，掌握其结构原理；在液压实验台上完成蓄能器保压回路的连接，并分析该回路原理。

【知识与技能】

（一）蓄能器的分类、结构与特点

蓄能器按照产生液体压力的方式可分为充气式蓄能器、重力式蓄能器和弹簧式蓄能器。

1. 充气式蓄能器

充气式蓄能器最为常用，它是利用气体的压缩和膨胀来储存、释放压力能的。充气式蓄能器分为直接接触式和隔离式两种。其中，直接接触式蓄能器的压缩空气直接与液压油接触，气体容易混入油液，影响工作的稳定性，适用于大流量的低压回路中。常用的隔离式蓄能器有活塞式和气囊式两种。

图6-1所示为气囊式蓄能器结构图,气体一般用氮气。气囊3将液体和气体隔开,限位阀4允许液体进、出蓄能器,而防止气囊从油口挤出。充气阀1只在为气囊充气时打开,工作时该阀关闭。

气囊式蓄能器的特点是体积小、质量轻、反应灵敏,可吸收液压冲击和脉动。气囊式蓄能器应垂直安装,油口向下,以保证气囊的正常收缩。

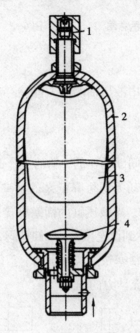

图6-1 气囊式蓄能器结构图

1—充气阀;2—壳体;3—气囊;4—限位阀

2. 重力式蓄能器

重力式蓄能器示意图如图6-2所示,它是利用重物的垂直位置变化来储存、释放液压能的,其产生的压力取决于重物的质量和柱塞面积的大小。

重力式蓄能器的优点是在工作过程中,无论油液进出的多少和快慢,均可获得恒定的液体压力,而且结构简单,工作可靠;缺点是体积大、惯性大、反应不灵敏,有摩擦损失。重力式蓄能器常用于固定设备(如轧钢设备)中作蓄能使用。

3. 弹簧式蓄能器

弹簧式蓄能器示意图如图6-3所示,它由弹簧、活塞和壳体组成,是利用弹簧的压缩来储存能量的。这种蓄能器产生的压力取决于弹簧的刚度和压缩量。弹簧式蓄能器的特点是结构简单、容量小。这种蓄能器一般用于小流量、低压、循环频率低的场合。

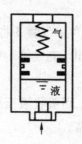

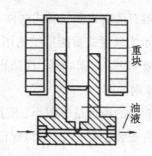

图 6-2　重力式蓄能器示意图　　　　图 6-3　弹簧式蓄能器示意图

（二）蓄能器的功用

蓄能器的功能是将液压系统中液压油的压力能储存起来，在需要时重新放出。其主要作用具体表现在以下几个方面。

1. 作为辅助动力源

某些液压系统的执行元件是间歇动作的，总的工作时间很短，在一个工作循环内速度差别很大。使用蓄能器作辅助动力源可降低泵的功率，提高效率，降低温升，节省能源。如图 6-4 所示的液压系统中，当液压缸的活塞杆接触工件慢进和保压时，泵的部分流量进入蓄能器 1 被储存起来，达到设定压力后，卸荷阀 2 打开，泵卸荷。此时，单向阀 3 使压力油路密封保压。当液压缸活塞快进或快退时，蓄能器与泵一起向缸供油，使液压缸得到快速运动，蓄能器起到补充动力的作用。

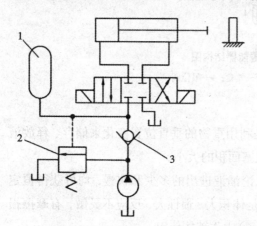

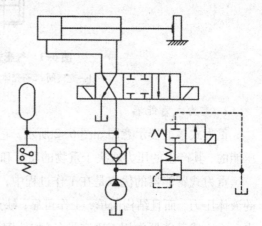

图 6-4　蓄能器作辅助动力源　　　　　图 6-5　蓄能器作保压补漏

1—蓄能器；2—卸荷阀；3—单向阀

2. 保压补漏

对于执行元件长时间不动，而要保持恒定压力的液压系统，可用蓄能器来补偿泄漏，从而使压力恒定。如图 6-5 所示的液压系统处于压紧工件状态（机床液压夹具夹紧工件），这时可令泵卸荷，由蓄能器保持系统压力并补充系统泄漏。

3. 作为紧急动力源

某些液压系统要求在液压泵发生故障或失去动力时，执行元件应能继续完成必要的动作以紧急避险、保证安全。为此可在系统中设置适当容量的蓄能器作为紧急动力源，避免事故发生。

4. 吸收脉动，降低噪声

当液压系统采用齿轮泵和柱塞泵时，因其瞬时流量脉动将导致系统的压力脉动，从而引起振动和噪声。此时可在液压泵的出口安装蓄能器来吸收脉动，降低噪声，减少因振动损坏仪表和管接头等元件的现象发生。

5. 吸收液压冲击

由于换向阀的突然换向、液压泵的突然停止工作、执行元件运动的突然停止等原因，液压系统管路内的液体流动会发生急剧变化，产生液压冲击。这类液压冲击大多瞬间发生，系统的安全阀来不及开启，会造成系统中的仪表、密封损坏或管道破裂。若在冲击源的前端管路上安装蓄能器，则可以吸收或缓和这种压力冲击。

(三)蓄能器的安装与使用

蓄能器在液压回路中的安放位置因功用的不同而不同：吸收液压冲击或压力脉动时，宜放在冲击源或脉动源附近；补油保压时，宜放在尽可能接近有关执行元件处。

蓄能器在安装和使用时应注意以下问题。

(1)蓄能器是压力容器，搬运和装拆时应先将充气阀打开，排出充入的气体，以免因振动或碰撞而发生意外事故。

(2)蓄能器应将油口向下竖直安装，且应有牢固的固定装置。

(3)液压泵与蓄能器之间应设置单向阀，以防止停泵时，蓄能器的压力油向泵倒流。蓄能器与液压系统连接处应设置截止阀，以供充气、调整或维修时使用。

(4)用于吸收液压冲击和脉动的蓄能器，应尽可能装在冲击源或脉动源附近，并便于检修。

(5)蓄能器的充气压力应在系统最低工作压力的 90% 和系统最高工作压力的 25% 之间选取，蓄能器的容量则应根据其用途不同而用不同的方法确定，必要时可参阅液压设计手册并通过计算确定。

【任务实施】

• 蓄能器的拆装：拆卸调节螺钉，取下上盖，观察内部结构，理解蓄能器的作用。

• 液压回路的连接：根据保压回路原理图(图6-5)选择元件，连接油路与电路，观察运行过程，熟悉回路原理。

【任务评价】

表 6-1 解析蓄能器任务评价表

序号	能力点	掌握情况	序号	能力点	掌握情况
1	安全操作		4	油路电路连接	
2	蓄能器结构		5	原理分析	
3	元件选择				

任务二　解析过滤器

【任务目标】

- 了解过滤器的类型；
- 掌握过滤器的选用与安装。

【任务描述】

完成液压试验台过滤器的拆卸与清理，观察其结构外形，掌握其结构原理；在液压试验台上按照不同要求合理安装过滤器。

【知识与技能】

(一)过滤器的类型

1. 网式过滤器

网式过滤器(如图6-6所示)是一种以铜丝网作为过滤材料构成的过滤器，其一般装在液压系统的吸油管路入口处，避免吸入较大的杂质，以保护液压泵。这种过滤器的特点是结构简单，通过性能好，但过滤精度低。也可以用较密的铜丝网或多层铜网做成过滤精度较高的过滤器，装在压油管路中使用，如用于调速阀的入口处。

2. 线隙式过滤器

线隙式过滤器(如图6-7所示)是用铜线或铝线绕在筒形芯架上，利用线间缝隙过滤油液，主要用于压油管路中。若用于液压泵吸油口，则只允许通过它的额定流量的1/2~2/3，以防泵的吸油口压力损失过大。这种过滤器结构简单，过滤精度较高，但过滤材料强度较低，不易清洗。

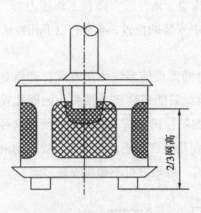

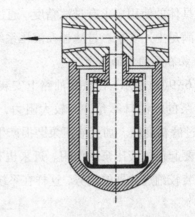

图 6-6　网式过滤器示意图　　　图 6-7　线隙式过滤器示意图

3. 片式过滤器

片式过滤器(如图 6-8 所示)是由许多薄铜片叠装组成滤芯,利用片与片之间的间隙滤油。其间隙为 0.08~0.20 mm,因此过滤精度低。这种过滤器强度大,通油性好,清洗方便,但铜片价格贵,制造复杂,加上过滤效果差,现在已很少采用。

4. 金属烧结式过滤器

金属烧结式过滤器的滤芯是用青铜粉压制后烧结而成,具有杯状、管状、碟状和板状等形状,靠其粉末颗粒间的间隙微孔滤油。选择不同粒度的粉末能得到不同的过滤精度,目前常用的过滤精度一般为 0.01~0.10 mm。这种过滤器的强度大,抗腐蚀性好,制造简单,过滤精度高,适用于精过滤,在液压系统中的使用日趋广泛。其缺点主要是清洗较困难,如有颗粒脱落会影响过滤精度,最好与其他过滤器配合使用。

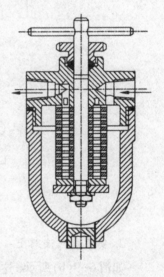

图 6-8　片式过滤器示意图

5. 纸芯过滤器

纸芯过滤器的滤芯一般采用机油微孔滤纸制成。纸芯做成折叠形是为了增加过滤面积,纸芯绕在带孔的镀锡铁皮骨架上,以支撑纸芯,避免其被压力油压破。

6. 磁性过滤器

磁性过滤器靠磁性材料把混在油中的铁屑、铸铁粉之类的杂质吸住,过滤效果好。此种过滤器常与其他种类的过滤器配合使用。

(二)过滤器的选用与安装

选择过滤器的型号、规格,主要是根据使用情况提出的要求,并结合经济性一起来考虑的。具体的使用要求有过滤精度、通过流量、允许压力降和工作压力等。所选过滤器性能应满足上述要求。过滤器在液压系统中安装的位置，通常有以下几种情况。

1. 安装在泵的吸油路上

如图6-9(a)所示，在泵吸油路上安装过滤器可使系统中所有元件都得到保护。但由于一般泵的吸油口不允许有较大阻力，因此只能安装压力损失小的网孔较大的过滤器，这样过滤精度低。加上液压泵磨损产生的颗粒仍将进入系统内，所以这种安装方式实际上主要起保护液压泵的作用。近来也有在某些自吸能力强而要求较高的液压泵的吸油口处安装较细过滤器的趋势，这样在系统的一般地方可不必再安装过滤器。

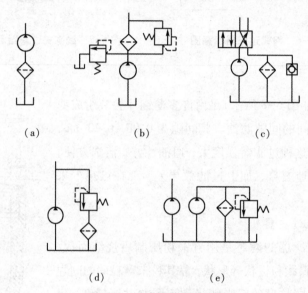

图6-9　过滤器的安装位置

2. 安装在压油路上

如图6-9(b)所示，这种安装方式可以保护除泵以外的其他元件，由于过滤器在高压下工作，滤芯及壳体应能承受系统工作压力和冲击压力，因而过滤器重量加大。为了防止过滤器堵塞而使液压泵过载或引起滤芯破裂，可与过滤器并联一旁通阀或堵塞指示器，以提高安全性。

3. 安装在回油路上

如图6-9(c)所示，由于回油路压力低，这种安装方式可采用强度较低的过滤器，而且允许过滤器有较大的压力损失。但这种方式只能经常清除油中杂质以间接保护系统，不能保证杂质不进入系统。

4. 安装在旁路上

如图6-9(d)所示，该方式主要是装在溢流阀的回油路上，这时不是所有的油量都通过过滤器，这样可降低过滤器的容量。这种安装方式还不会在主油路造成压力损失，过滤器也不承受系统工作压力，但不能保证杂质不进入系统。

5. 单独过滤系统

如图 6-9(e)所示,这是一个液压泵和过滤器单独组成一个独立于液压系统之外的过滤回路,它经常用于清除系统中的杂质。

在液压系统中为获得很好的过滤效果,上述这几种方法常综合起来使用。特别是在一些重要元件(如伺服阀、节流阀等)的前面,单独安装一个精过滤器来保证它们的正常工作。

(三)对过滤器的要求

在液压系统中保持油液的清洁十分重要,因为油液中的杂质颗粒会引起相对运动零件划伤、磨损以至卡死,或堵塞节流阀和管道小孔导致液压系统不能正常工作。因此,需要对油液进行过滤。一般对过滤器的基本要求如下:

(1)具有较好的过滤能力,即能阻挡一定尺寸以上的机械杂质;

(2)通油性能好,即油液全部通过时不致引起过大的压力损失;

(3)过滤材料要有足够的机械强度,在压力油作用下不致被破坏;

(4)过滤材料耐腐蚀,在一定温度下工作有足够的耐久性;

(5)容易清洗和便于更换滤芯;

(6)价格便宜。

过滤器的过滤精度按照过滤颗粒的大小可分为四级:粗过滤器(滤去杂质直径大于 0.1 mm)、普通过滤器(滤去杂质直径为 0.10~0.01 mm)、精过滤器(滤去杂质直径为 0.010~0.005 mm)、特精过滤器(滤去杂质直径为 0.005~0.001 mm)。

【任务实施】

• 过滤器的拆装与清洗:打开放油阀,放空油箱内油液,打开油箱上盖,拆下过滤器,将过滤器放入煤油中浸泡一段时间,然后用吹风机进行吹洗,将其内部堵塞污渍清理干净。

• 过滤器的认识:观察过滤器,了解过滤器的作用。

• 独立设计简单回路,验证过滤器的功能。

【任务评价】

表 6-2　解析过滤器任务评价表

序号	能力点	掌握情况	序号	能力点	掌握情况
1	安全操作		3	过滤器的清洗	
2	过滤器结构		4	功能验证	

任务三　解析辅助元件——油箱

【任务目标】

- 理解油箱的功用与类型；
- 了解油箱的结构；
- 熟悉油箱与泵的安装。

【任务描述】

完成液压试验台油箱的拆卸与清理，观察其内部结构，掌握其结构原理；在液压试验台上按照不同要求合理安装吸油管、回油管、泄油管、空气过滤器和液位计。

【知识与技能】

(一)油箱的功用与类型

油箱作为液压系统的重要组成部分，用来储存系统工作循环所需的油量，散发系统工作过程中产生的一部分热量，促进油液中的空气分离及消除泡沫，为系统提供元件的安装位置，散发系统工作中产生的热量，沉淀污物，逸出油中气体。油箱有开式和闭式两种。开式油箱广泛用于一般的液压系统，闭式油箱则用于水下和高空无稳定气压或对工作稳定性与噪声有严格要求的场所。

(二)油箱的结构

在设计液压系统时，油箱常根据需要自行设计。图 6-10 所示为常见油箱结构示意图。油箱还设有加热器、冷却器和油温测量装置等。油箱结构设计时要注意以下问题。

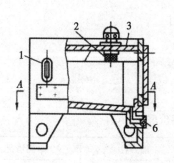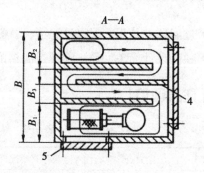

图 6-10　常见油箱结构示意图

1—油面指示器；2—空气过滤器；3—上盖；4—隔板；5—侧盖；6—放油塞

（1）油箱一般为长六面体形箱体，其长、宽、高之比可依主机总体布置决定，在1：1：1~1：2：3。中、小型油箱用钢板直接焊成，大型油箱需先用角钢焊成骨架，再焊上钢板制成。当油箱容量在100 L以内时，其壁厚应为3 mm；容量为100~320 L时，其壁厚为3~4 mm；容量大于320 L时，其壁厚可达4~6 mm。油箱底脚的高度一般应在150 mm以上，以便散热、搬移和放油，其壁厚应为箱体壁厚的2~3倍。若液压泵及电动机需要安装在油箱顶盖上时，为避免振动，油箱顶盖板的厚度应为侧壁厚度的3倍左右。油箱顶盖板必须用螺钉与箱体内所焊的角钢固定连接。顶盖可以是整体的，也可以分几块，分别安装阀板、电动机和液压泵等。油箱的适当部位应设有吊耳，以便起吊装运。

（2）油箱内常设2~3块隔板，将回油区与吸油区分开，这样有利于散热、杂质的沉淀及气泡的逸出。隔板的高度为油面高度的2/3~3/4。

（3）油箱顶盖板上应设置通气孔，使液面与大气相通。通气孔处应设置空气过滤器，既能过滤空气，又可利用其下部的过滤网作加油时的过滤装置。油箱的底面适当倾斜，并在其最低位置处设置放油阀。在箱壁的易见部位应设置表示油面高度的油面指示器。在油箱的侧壁应开设用于安装、清洗、维护的窗口，平时可装密封垫及盖板封死，需要时再打开。

（4）泵的吸油管口所装过滤器，其底面与油箱底面应保持一定距离，其侧面离箱壁应有3倍管径的距离，以使油液能在过滤器的四周和上、下面都进入过滤器内。回油管口应插入最低油面以下，离箱底距离大于管径的2~3倍，以免飞溅起泡。回油管口应切成45°斜口，以增大出油面积，其斜口应面向箱壁，以利于散热、减缓流速和杂质沉淀。阀的泄漏油管应在液面以上(不宜插入油中)，以免增加漏油腔的背压。各进、回油管通过顶盖的孔均需装密封圈，以防止油液污染。

（5）油箱的内壁也必须进行加工处理。新油箱须经喷丸、酸洗和表面清洗，其内壁可涂一层与工作液相容的塑料薄膜或耐油清漆。

闭式油箱(压力油箱)工作原理图如图6-11所示。它是将油箱完全封闭，通入经过滤的压缩空气，使箱内压力高于外面大气压力。闭式油箱内的气压不宜过高，一般为0.05~0.07 MPa，以免油液中溶入过量的空气。这种油箱一般用在水下作业的液压设备上。

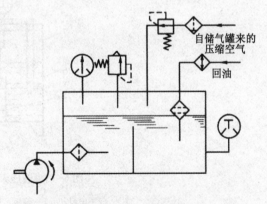

图6-11 闭式油箱(压力油箱)工作原理图

（三）油箱与泵的安装

单独油箱的液压泵和电动机的安装有两种方式，即卧式（图6-12）和立式（图6-13）。

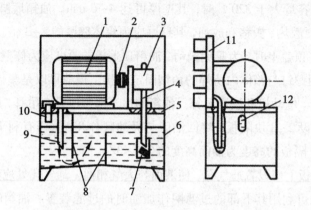

图6-12　液压泵卧式安装的油箱

1—电动机；2—联轴器；3—液压泵；4—吸油管；5—盖板；

6—油箱体；7—过滤器；8—隔板；9—回油管；

10—加油口；11—控制阀连接板；12—液位计

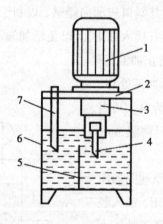

图6-13　液压泵立式安装的油箱

1—电动机；2—盖板；3—液压泵；4—吸油管；

5—隔板；6—油箱体；7—回油管

卧式安装时，液压泵及油管接头露在油箱外面，安装和维修较方便；立式安装时，液压泵和油管接头均在油箱内部，便于收集漏油，油箱外形整齐，但维修不方便。

【任务实施】

- 油箱的拆装：拆卸下油箱上盖连接螺钉，观察内部结构，了解油箱的作用。
- 独立设计简单回路，验证油箱功能。

【任务评价】

表 6-3　解析辅助元件——油箱任务评价表

序号	能力点	掌握情况	序号	能力点	掌握情况
1	安全操作		3	油箱的清洗	
2	油箱结构		4	功能验证	

任务四　解析油管及管接头

【任务目标】

- 了解油管的分类；
- 熟悉不同油管的应用场合；
- 了解管接头的分类；
- 熟悉管接头的特点和用途。

【任务描述】

通过观察外观和材质，对油管和管接头进行分类，并安装油管和管接头。

【知识与技能】

(一)油管

液压系统中使用的油管种类很多，有钢管、纯铜管、橡胶软管、尼龙管、塑料管等，需根据系统的工作压力及其安装位置正确选用。

1. 钢管

钢管分为焊接管和无缝管。压力小于 2.5 MPa 时，可用焊接钢管；压力大于 2.5 MPa 时，常用冷拔无缝钢管；要求防腐蚀、防锈的场合，可选用不锈钢管；超高压系统，可选用合金钢管。钢管能承受高压，刚性好，抗腐蚀，价格低廉。其缺点是弯曲和装配均较困难，需要专门的工具或设备。因此，常用于中、高压系统中装配部位限制少的场合。

2. 纯铜管

纯铜管可以承受的压力为 6.5~10.0 MPa，它可以根据需要较容易地弯成任意形状，且不必用专门的工具。因而适用于小型中、低压设备的液压系统，特别是内部装配不方便处。其缺点是价格高，抗振能力较弱，且易使油液氧化。

3. 橡胶软管

橡胶软管用作两个相对运动部件的连接油管，分高压和低压两种。高压软管由耐油橡胶夹钢丝编织制成，层数越多，承受的压力越高，其最高承受压力可达 42 MPa。低压软管由耐油橡胶夹帆布制成，其承受压力一般在 1.5 MPa 以下。橡胶软管安装方便，不怕振动，并能吸收部分液压冲击。

4. 尼龙管

尼龙管为乳白色半透明新型油管，其承压能力因材质而异，可为 2.5~8.0 MPa。尼龙管有软管、硬管两种，其可塑性大。硬管加热后也可以随意弯曲成形和扩口，冷却后又能定形不变，使用方便，价格低廉。

5. 耐油塑料管

耐油塑料管价格便宜，装配方便。但承压低，使用压力不超过 0.5 MPa，长期使用会老化，只用作回油管和泄油管。软管直线安装时要有 30% 左右的余量，以适应温度变化、受拉和振动的需要。其弯曲半径要大于 9 倍软管外径，弯曲处到管接头的距离至少等于 6 倍软管外径。

(二) 管接头

在液压系统中，金属管之间及金属管与元件之间的连接，可以采用直接焊接、法兰连接和管接头连接。直接焊接时，焊接工作要在安装现场进行，需经过试装、焊接、除渣、酸洗等一系列工序，安装后拆卸不便，焊接质量不易检查，因此很少采用。法兰连接工作可靠，装拆方便，但外形尺寸较大，而且要在油管上焊接或铸造法兰，因此多用于外径大于 50 mm 的油管连接。当油管外径小于 50 mm 时，普遍采用管接头连接。管接头的形式包括焊接式管接头、卡套式管接头、扩口管接头及快换式管接头等。软管与金属管或软管与元件之间的连接均采用软管接头，常用的形式有可拆式和扣压式(不可拆式)两种。

1. 焊接式管接头

焊接式管接头主要由接头体、螺母和接管组成。接头体拧入机体(如阀体、泵体等)，螺纹为细牙圆柱螺纹，接合面加组合密封圈防漏，如图 6-14 所示。接头体与接管之间用 O 形密封圈密封，接管与管路系统中的钢管焊接相连。

焊接管接头具有结构简单、制造方便、耐高压、密封性能好等优点，其工作压力可达 31.5 MPa，是目前应用较广泛的一种接头形式。焊接管接头的缺点是对焊接质量要求高，特别是高压时焊缝往往成为它的薄弱环节。此外，焊缝处可能会残留少量焊渣或其他金属屑，它们在受到冲击或振动脱落后会影响系统的正常工作。

与焊接管接头连接的钢管为普通级精度的 10 号、15 号冷拔无缝钢管，根据系统管路连接的不同要求，焊接管接头又分为端直通管接头、直通管接头、直角管接头、三通管接头、四通管接头和分管管接头等多种形式，其尺寸都已标准化和系列化，可参考有关标准选用。

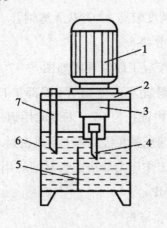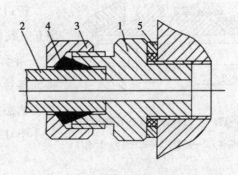

图6-14　焊接式管接头结构图

1—接头体；2—接管；3—螺母；

4—O形密封圈；5—组合密封圈

图6-15　卡套式管接头结构图

1—接头体；2—接管；3—螺母；

4—卡套；5—组合密封圈

2. 卡套式管接头

图6-15所示为卡套式管接头的一种基本形式，它主要由接头体、卡套和螺母等基本零件组成。其中卡套是接头中的关键零件，它的质量好坏直接影响接头的密封性能、连接强度和重复使用性能。

卡套是一个在内圆端部带有刃口的金属环，具有良好的刚度、硬度和韧性。图6-16所示为其工作原理图：装配中，当旋紧、压紧螺母时，卡套在外力作用下被推进接头体的内锥面（接管端面与接头体止推面a相接触），卡套刃口在反力作用下产生径向收缩，使卡套的内刃口切入接管外壁，形成卡套与接管之间的密封b，卡套前端外表面与接头体内锥面间形成球面接触密封c。

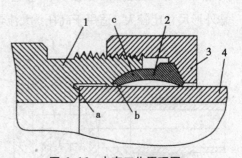

图6-16　卡套工作原理图

1—接头体；2—接管；3—螺母；4—卡套

当管径较大时，要使刃口切入螺母所需的旋紧力较大，因此卡套式接头所用油管的外径一般不超过42 mm。

卡套式管接头连接性能的好坏，除与材料、制造精度和热处理质量等有关外，与装配质量的关系也较大。因此，其装配工艺和装配方法应严格按照卡套式管接头标准中的规定和说明进行。

与焊接式管接头一样，卡套式管接头也有端直通管接头等多种形式，另有组合直角管接头、直通变径管接头等形式。卡套式管接头使用压力可达31.5 MPa，不用其他密封件。其工作可靠，拆装方便，特别是避免了焊接式管接头的缺点。卡套式管接头的不足之处是卡套的制造工艺高，要求被连接的油管尺寸精度较高，如冷拔无缝钢管。

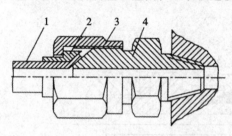

图 6-17　扩口管接头工作原理图

1—接头体；2—接管；3—螺母；4—导套

3. 扩口管接头

扩口管接头工作原理图如图 6-17 所示，接管(一般为铜管及薄壁钢管)端部扩口角度为74°，导套的内锥孔为66°，安装时用螺母将导套连同接管一起压紧在接头体上形成密封。扩口管接头的额定工作压力取决于管材的许用压力(一般小于 0.8 MPa)。

4. 铰接管接头

铰接管接头可用于液流方向为直角的连接，与普通直角接头相比，其优点是可以随意调整布管方向，安装方便，占用空间小。

铰接管接头分为固定式和活动式两类，使用压力都可达 31.5 MPa。图 6-18 所示为卡套连接的固定式铰接管接头示意图，由固定螺钉把两个组合密封垫圈压紧在接头体上以达到密封。油液通过固定螺钉上的四个径向孔形成通路。

5. 法兰式管接头

法兰式管接头是把钢管接头体 1 焊接在法兰 2 上，再用螺钉连接起来，两片法兰之间用 O 形密封圈密封，如图 6-19 所示。这种管接头结构坚固，工作可靠，防振性好，但是外形尺寸比较大，适用于高压、大流量的管路。

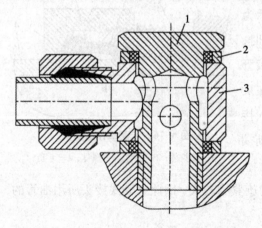

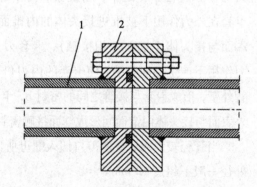

图 6-18　卡套连接的固定式铰接管接头示意图

1—固定螺钉；2—组合密封圈；3—接头体

图 6-19　法兰式管接头示意图

1—钢管接头体；2—法兰

6. 扣压式管接头

扣压式管接头如图 6-20 所示。扣压式管接头用来连接高压软管，随管径的不同工作压力为 6~40 MPa，适用于油、水等介质的管路系统。

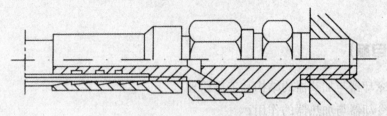

图 6-20 扣压式管接头

7. 快换式管接头

快换式管接头如图 6-21 所示。快换式管接头两端是开闭式，管子拆开后，可自行密封，管道内流体不会流失；其结构比较复杂，局部阻力损失较大；其工作压力低于 32 MPa。故快换式管接头适用于需经常拆卸的管路系统。

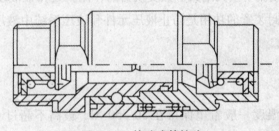

图 6-21 快速式管接头

【任务实施】

在液压试验台搭建回路，按照要求安装油管与管接头。

（1）油管应尽量短、布置整齐、转弯少，避免过小的转弯半径，保证油管有必要的伸缩变形余地。

（2）油管最好平行布置，且尽量少交叉，油管间留有足够的间隙，以防接触振动，并给安装管接头留有足够的空间。

（3）安装前的管子，一般先用 20% 的硫酸或盐酸进行酸洗，酸洗后用 10% 的苏打水中和，然后用温水洗净后，进行干燥、涂油，并做预压试验。

【任务评价】

表 6-4 解析油管及管接头任务评价

序号	能力点	掌握情况	序号	能力点	掌握情况
1	安全操作		3	油管、管接头安装	
2	油管、管接头清洗		4	功能验证	

任务五　解析热交换器与密封件

【任务目标】

- 了解冷却器与加热器的结构和工作原理；
- 熟悉冷却器与加热器的作用；
- 了解密封圈的类型及其不同用途。

【任务描述】

如果油液温度过高，黏度就会下降，使润滑部位的油膜被破坏，使油液泄漏量增大。如果油液温度过低，则流动损失增大。热交换器的作用就是保证液压油的温度维持在一个适合的范围内。密封装置的功用是防止液压元件和液压系统中液压油的泄漏，保证建立起必要的工作压力。

【知识与技能】

液压系统的工作温度一般希望保持在 30~50 ℃，最高不超过 65 ℃，最低不低于 15 ℃。当液压系统自身不能使油液温度控制在这个范围之内时，就要安装热交换器。热交换器根据使油温上升或降低的作用，分为冷却器和加热器。

（一）热交换器

当液压系统功率大、发热多或者油箱容积受限制等单靠自然散热不能保持规定的油温情况发生时，必须采用冷却器。冷却器分为水冷式和风冷式两类。

1. 水冷式冷却器

水冷式冷却器有多管式、板式和翅片式等形式。

如图 6-22 所示为多管式水冷却器工作原理图，其工作时油液从进油口 5 流入，从出油口 3 流出；冷却水从进水口 7 流入，通过水管由出水口 1 流出。冷却水将水管周围油流中的热量带走。冷却器内的隔板 4 使油迂回前进，增加了油的流程和流速，提高了传热效率，冷却效果好。

如图 6-23 所示为翅片式水冷却器示意图，水从管内流过，油液在水管外面通过，油管外部加装横向或纵向散热翅片，以增加散热面积，其冷却效果比其他冷却器的冷却效果提高数倍。

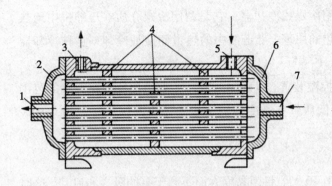

图 6-22 多管式水冷却器工作原理图

1—出水口；2，6—端盖；3—出油口；4—隔板；

5—进油口；7—进水口

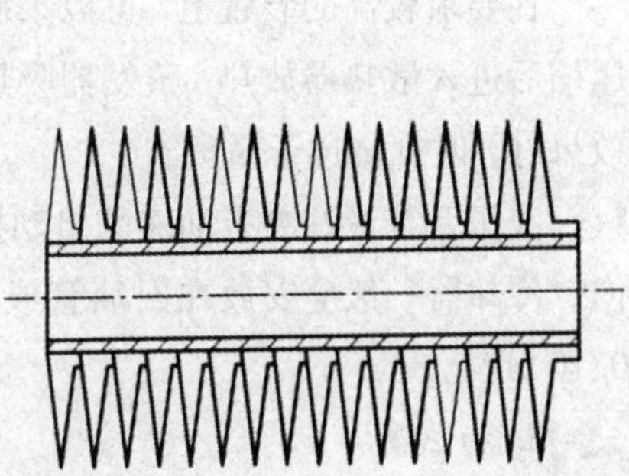

图 6-23 翅片式水冷却器示意图

2. 风冷式冷却器

在行走机械和在野外工作的机械中，宜采用风冷式冷却器。常用的风冷式冷却器有翅管式和翅片式两种。

（1）翅管式风冷却器示意图如图 6-24 所示。该图为某工程机械上用的翅管式风冷却器，它是将翅片绕在光管上焊接而成的。

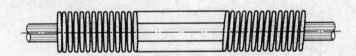

图 6-24 翅管式风冷却器示意图

（2）翅片式风冷却器示意图如图 6-25 所示。每两层油板之间设有波浪形的翅片板，大大提高了传热系数。如果强制通风，冷却效果更好。翅片式风冷却器结构紧凑，体积小，强度高。

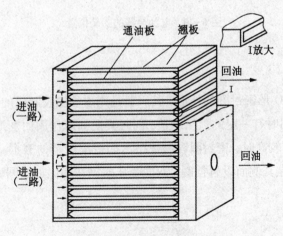

图 6-25 翅片式风冷却器示意图

在要求较高的装置上,可以采用冷媒式冷却器。它是利用冷媒介质在压缩机中绝热压缩后进入散热器放热、蒸发器吸热的原理,带走油中的热量而使油冷却。这种冷却器效果好,但价格过于昂贵。

液压系统最好装有油液的自动控温装置,以确保油液温度准确地控制在要求的范围内。冷却器一般应安放在回油管或低压管上。冷却器造成的压力降损失一般为 0.01~0.10 MPa。

3. 加热器

液压系统工作前,如果油温低于 10 ℃,将因黏度大而不利于泵的吸入和启动,这时就必须使用加热器将油温升高到适当值(15 ℃)。加热方法包括蒸汽加热、蛇形管和电加热。

液压系统的加热一般常采用结构简单、能按照需要自动调节最高和最低温度的电加热器。这种加热器的安装位置如图 6-26 所示,它用法兰盘横装在箱壁上,发热部分全部浸在油液内。加热器应安装在箱内液压油流动处,以利于热量交换。由于油液是热的不良导体,单个加热器的功率容量不能太大,以免周围液压油过度受热后发生变质现象。在电路上应设置连锁保护装置,当油液没有完全包围加热元件,或没有足够的油液进行循环时,加热器应不能工作。

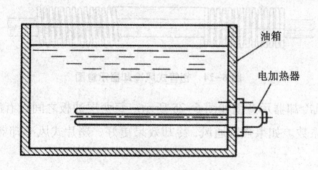

图 6-26 电加热器的安装位置

(二)密封件

1. O 形密封圈

图 6-27 所示为 O 形密封圈的外形,其一般是用耐油橡胶制成的截面为圆形的圆环。

安装 O 形密封圈时有一定的预压缩量,同时其受油压作用而变形,紧贴密封表面而起密封作用。当压力较高时,密封圈容易被挤出而造成严重的磨损。因此,当工作压力大于 10 MPa 时,应在其侧面设置挡圈,双向受压时需在两侧加挡圈,挡圈的正确安装如图 6-28 所示。

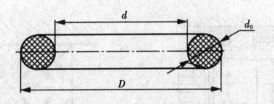

图 6-27　O 形密封圈的外形

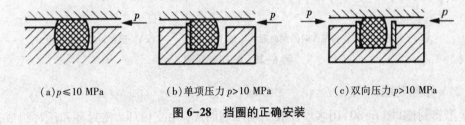

（a）p≤10 MPa　　　　　（b）单项压力 p>10 MPa　　　　　（c）双向压力 p>10 MPa

图 6-28　挡圈的正确安装

　　O 形密封圈是应用最广的压紧型密封件，并大量地使用于静密封，密封压力可达 80 MPa；也可用于往复运动速度小于 0.5 m/s 的动密封，密封压力可达 20 MPa。其规格用内径和截面直径来表示。O 形密封圈及其安装沟槽、挡板都已标准化，实际应用时应查阅标准使用。

　　2. 唇形密封圈。

　　唇形密封圈剖面进行密封时，密封圈的唇口受液压力作用而变形，唇边贴近密封面。液压力越高，唇边贴得越紧，密封效果越好，且磨损后能够自动补偿。唇形密封圈一般用于往复运动密封，在安装时必须使得唇口对着压力高的一侧。

　　（1）Y 形密封圈。

　　Y 形密封圈剖面如图 6-29（a）所示，截面形状为 Y 形，材料为耐油橡胶。其用于往复运动密封，工作压力可达 14 MPa，具有摩擦系数小、安装简便等优点。其缺点是在速度高、压力变化大的场合易发生"翻转"现象，可加支撑环固定密封圈，以保证良好密封。由于两个唇边结构相同，和 O 形密封圈一样，它可用作外径密封，也可用作内径密封。其安装和结构的应用如图 6-29（b）（c）所示。

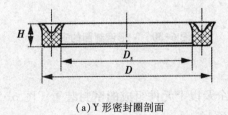

（a）Y 形密封圈剖面

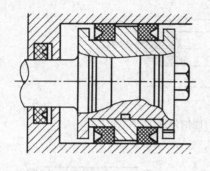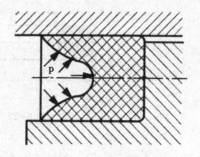

（b）Y形密封圈安装和工作时的剖面形状　　　　（c）Y形密封结构的应用

图6-29　Y形密封圈

（2）V形密封圈。

V形密封圈（图6-30）用多层涂胶织物压制而成，由支撑环、密封环和压环组成，三环叠在一起使用，为组合密封装置。当压力增大时，可增加密封环的数量，以提高密封性，工作压力可达50 MPa。

V形密封圈的密封性能好、耐磨，在直径大、压力高、行程长等条件下多采用这种密封圈。但其轴向尺寸长，外形尺寸较大，摩擦系数大。

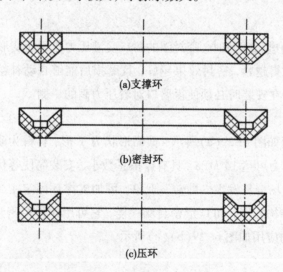

(a)支撑环

(b)密封环

(c)压环

图6-30　V形密封圈的安装

3. 组合密封

组合密封装置是由两个及以上元件组成的密封装置。图6-31所示为高速液压缸中所采用的组合密封圈的结构图。它由聚四氟乙烯垫圈和O形密封圈组合而成。O形密封圈不与密封面直接接触，不存在磨损等问题。与密封面接触的垫圈材料为聚四氟乙烯，它耐高温、摩擦系数极小，且动、静摩擦系数相当接近，是一种减小滑动摩擦阻力的理想材料；又具有自润滑性，与金属组成摩擦副不易黏着，启动摩擦力小，不存在橡胶密封低速时的爬行现象。但它缺乏弹性。因此，将它和 O 形密封圈组合使用，利用 O 形密封圈的弹性施加压紧力，二者取长补短，能获得很好的密封效果，且大大提高使用寿命。在工程上，尤其是在液压缸上，组合密封应用广泛。

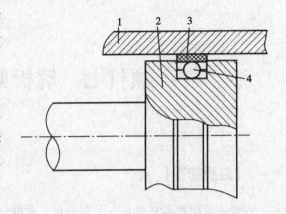

图 6-31 组合密封圈结构图

1—缸体；2—活塞；3—垫圈；4—O 形密封圈

【任务实施】

按照如下步骤拆装液压缸，更换密封件。

(1)利用简单回路将液压缸泄压。

(2)液压缸密封圈的更换应置于清洁无尘的场所进行。

(3)将拉杆式液压缸的四根拉杆的螺母旋出，拆下后端盖，抽出活塞和活塞杆，拆下前端盖。

(4)可完全看到液压缸的密封圈。

(5)仔细检查下列位置的密封：活塞杆的密封、活塞的密封、端盖处的密封、缓冲装置的密封、排气阀的密封等。

(6)找到损毁的密封圈，选择正确的密封圈进行更换。

【任务评价】

表 6-5 解析热交换器与密封件任务评价表

序号	能力点	掌握情况	序号	能力点	掌握情况
1	安全操作		4	密封圈的更换	
2	液压缸的拆装		5	功能验证	
3	密封圈的检查				

项目七　解析典型液压系统

【背景知识】

液压传动技术在机床、工程机械、成型机械、冶金机械、矿山机械、农业机械、船舶、电子、纺织等各行业设备上得到了广泛应用，相应的液压传动系统种类繁多、不胜枚举。本项目选择了四种典型液压传动系统，通过对这些液压系统的分析和学习，掌握其组成规律，为分析和设计其他的液压系统提供参考，为液压系统的安装、调试、使用和维修提供理论依据。

在进行液压传动系统分析时，需要阅读液压系统原理图，正确阅读原理图需要掌握阅读液压系统原理图的一般步骤：

① 了解液压系统的用途、工作循环动作、应具有的性能和对液压系统的要求；

② 分析该系统由哪些基本回路组成，弄清各液压元件的类型、性能、功用和相互间的连接关系；

③ 按照工作循环动作顺序，分析并依次写出完成各个动作的相应油液流经路线；

④ 对系统进行评价，找出系统的特点。

由于液压系统图在分析时相对复杂，因此阅读原理图时需要注意以下两点。

① 当系统转换工作状态时，注意分析是由哪个元件发出的信号，又使哪个控制元件完成相应的动作，改变什么通路状态，从而确定执行元件进行何种状态的转换。

② 分清主油路和控制油路。主油路分析包括进油路和回油路：从液压泵开始，按照油液流经路线，直到执行元件为止，构成进油路线；回油路线则从执行元件回油，经过各液压元件，一直到油箱。

任务一　组合机床动力滑台液压系统

【任务目标】

• 掌握组合机床动力滑台液压系统的工作原理和特点；

• 分析组合机床动力滑台液压系统所使用的元件及元件在应该系统中的功用；

- 分析组合机床动力滑台液压系统所使用的基本回路；
- 拆分差动油路，并分析其在系统中的作用；
- 分析用变量泵与两个调速阀串联的速度控制回路。

【任务描述】

查阅资料，熟悉机床动力滑台液压系统的作用，分析液压系统原理图，了解系统的性能特点。

【知识与技能】

（一）组合机床动力滑台功能结构

图 7-1 所示为组合机床动力滑台结构图。动力滑台是组合机床实现进给运动的通用部件，配置动力头及主轴箱 1 后可实现对工件的各种孔加工、端面加工等工序。动力滑台用液压缸驱动，液压缸通入压力油时，空心活塞杆 3 带动动力滑台 4 沿着导轨 5 滑动，液压缸筒 2 与滑座 6 固定连接在一起。滑台的行程范围及各工况行程主要由安装在滑台侧面的活动挡块保证和调节，加工过程中滑台在死挡块处的停留时间可用延时继电器实现。组合机床动力滑台液压系统是以速度变换和控制为主的系统。

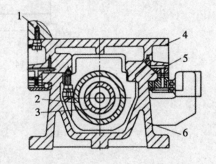

图 7-1　组合机床动力滑台结构图

1—动力头及主轴箱；2—液压缸筒；

3—空心活塞杆；4—动力滑台；

5—导轨；6—滑座

（二）液压系统组成及工作原理

图 7-2 所示为组合机床动力滑台的液压系统，该系统在机械和电气的配合下，实现滑台"快进→第一次工进→第二次工进→遇挡块停留→快退→原位停止"的半自动工作循环。

图中变量叶片泵 2 是系统的动力元件，与串联的调速阀 10，11 和背压阀 14 组成进油路容积节流调速回路。液压缸 5 采用杆固定、缸体运动的差动液压缸，以实现快速运动。缸的运动方向由电液换向阀 4 实现。行程阀 6 和电磁换向阀 9 用于液压缸的快、慢速度之间的换接。快进与工进由顺序阀 13 控制，顺序阀 13 的设定压力低于工进时的系统压力，高于快进时的系统压力。压力继电器 8 用于遇挡块停留时的信号发送。单向阀 3 用于保护液压泵免受液压冲击，同时用于保证系统卸荷时电液换向阀的先导控制油路保持一定的控制压力，以确保换向动作的实现。单向阀 12 用于工进时进油路和回油路的隔离，单向阀 7 用于提供快退回油。背压阀 14 可使工进速度较平稳。过滤器 1 用于滤除油中杂质，保证油液清洁。油箱用于储存油液，逸出空气，沉淀杂质，散发热量。

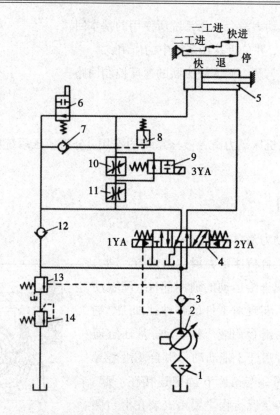

图7-2 组合机床动力滑台的液压系统

1—过滤器；2—变量叶片泵；3，7，12—单向阀；4—电液换向阀；5—液压缸；6—行程阀；

8—压力继电器；9—电磁换向阀；10，11—调速阀；13—顺序阀；14—背压阀

(三)液压系统与运动过程

1. 动力滑台快进

按下启动按钮，电磁铁1YA通电，电液换向阀4左位接入系统，顺序阀13因系统压力不高仍处于关闭状态，变量叶片泵2则输出较大流量，这时液压缸与两腔连通，实现差动快进。其油路如下。

(1)进油路：过滤器1→变量叶片泵2→单向阀3→电液换向阀4(左位)→行程阀6→液压缸5左腔。

(2)回油路：液压缸5右腔→电液换向阀4(左位)→单向阀12→行程阀6→液压缸5左腔。

2. 第一次工进

滑台前进到预定位置，压下行程阀6。这时系统压力升高，变量叶片泵2自动减小输出流量，顺序阀13打开，单向阀12关闭，液压缸5右腔的回油经背压阀14流回油箱，进给量的大小由调速阀11调节。其油路如下。

(1)进油路：过滤器1→变量叶片泵2→单向阀3→电液换向阀4(左位)→调速

阀 11→电磁换向阀 9→液压缸 5 左腔。

(2)回油路：液压缸 5 右腔→电液换向阀 4(左位)→顺序阀 13→背压阀 14→油箱。

3. 第二次工进

第一次工作进给结束，挡块压下行程开关，电磁铁 3YA 通电，关闭其油路，液压油经调速阀 11 和 10 进入液压缸左腔。回油路和第一次工进完全相同。因调速阀 10 的通流截面积比调速阀 11 小，故第二次进给的进给量由调速阀 10 决定。

4. 遇挡块停留

滑台完成第二次进给后，碰上挡块即停留下来。这时液压缸 5 左腔压力升高，使压力继电器 8 向时间继电器(图中未标出)发出信号，停留时间由继电器调定。设置挡块可以提高滑台加工进给的位置精度。

5. 动力滑台快速退回

滑台停留时间结束后，压力继电器 8 发出信号，使电磁铁 1YA 和 3YA 断电、2YA 通电，这时电液换向阀 4 右位接入系统。因滑台返回时负载小，系统压力低，变量叶片泵 2 输出流量又自动恢复到最大，滑台快速退回。其油路如下。

(1)进油路：过滤器 1→变量叶片泵 2→单向阀 3→电液换向阀 4(右位)→液压缸 5 右腔。

(2)回油路：液压缸 5 左腔→单向阀 7→电液换向阀 4(右位)→油箱。

6. 动力滑台原位停止

滑台快退回到原位，压下终点开关，发出信号，使电磁铁 2YA 断电，至此全部电磁铁断电，电液换向阀 4 处于中位，液压缸两腔油路均被切断，滑台原位停止。这时变量叶片泵 2 的流量减小，其输出功率接近于零。动力滑台液压系统中各电磁铁及行程阀的动作顺序见表 7-1。

表 7-1 动力滑台液压系统中各电磁铁及行程阀的动作顺序

电磁铁、行程阀动作	电磁铁			行程阀
	1YA	2YA	3YA	
快进	+	-	-	-
一次工进	+	-	-	+
二次工进	+	-	+	+
挡块停留	+	-	+	+
快退	-	+	-	±
原位	-	-	-	-

(四)液压系统的特点

由上述分析可知，该液压系统有以下特点。

(1)系统采用了"限压式变量叶片泵→调速阀→背压阀"式调速回路，提高了系统的稳定性，并获得了较好的速度-负载特性。

（2）采用限压式变量泵和差动连接式液压缸实现快进，功率损失小、系统效率高。

（3）采用进油路串联调速阀二次进给调速回路，减小了启动冲击和速度换接产生的液压冲击。

（4）系统采用行程阀和顺序阀实现了快进和工进的换接，使系统简化，动作可靠。

（5）采用挡块停留，提高了进给位置精度，扩大了滑台工艺使用范围，更适合于镗阶梯孔、锪孔和修端面等工序。

【任务实施】

- 查阅资料。
- 理解机床动力滑台液压系统所实现的功能。
- 分析液压系统原理图。
- 运用 FluidSIM 软件模拟系统运行。
- 分析该系统的性能特点。

【任务评价】

表 7-2　组合机床动力滑台液压系统任务评价表

序号	能力点	掌握情况	序号	能力点	掌握情况
1	理解能力		3	归纳总结能力	
2	原理图阅读能力		4	软件运用能力	

任务二　液压机液压系统

【任务目标】

- 掌握液压机液压系统的工作原理和特点；
- 分析液压机液压系统所使用的元件及元件在该系统中的功用；
- 分析液压机液压系统所使用的基本回路。

【任务描述】

查阅资料，熟悉液压机液压系统的作用，分析液压系统原理图，了解系统的性能特点。

【知识与技能】

(一)液压机液压系统的性能要求

液压机(图7-3)是利用液体静压力进行金属、塑料、橡胶、木材、粉末等制品加工的机械。通常用于压制成形工艺,如锻造、冲压、冷挤、校直、弯曲、薄板拉伸、粉末冶金、压装等。其按照介质分类大致可分为油压机和水压机两种。用液压油作介质的液压机称为油压机,用乳化液作介质的液压机称为水压机,下面仅介绍以液压油为介质的液压机。

液压机大多为立式,其中以四柱式布局的形式最为典型,其四个立柱之间安置着上、下两个液压缸:上面液压缸用于加压,称为主缸;下面液压缸用于成形件的顶出,称为顶出缸。液压机系统压力高、流量大,要求提高系统效率、功率损失小,还要防止泄压时产生的压力冲击。液压机根据工作循环对其液压系统的基本要求如下。

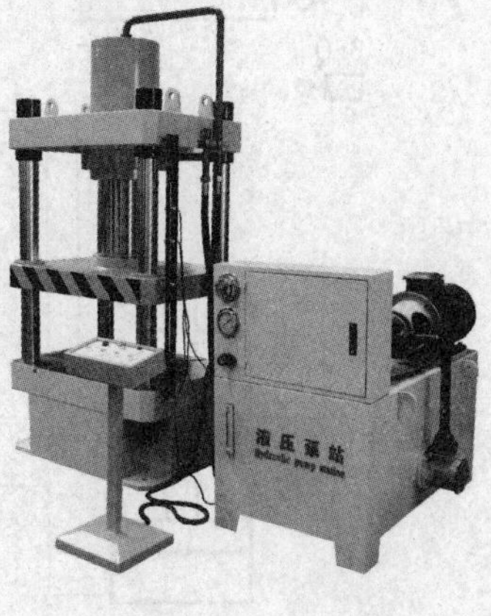

(1)主缸实现"快速下行→慢速加压→保压延时→卸压→快速返回→原位停止"的工作循环;顶出缸要求驱动下滑块实现"向上顶出→停留→向下退回→原位停止"的动作循环。

(2)液压系统中的压力要能保证产生较大的压制力,并能方便调节。

图7-3　液压机实物图

(3)液压机在工作过程中,空行程和加压行程的速度差异非常大,需要的流量差异也就比较大,而且在空行程和加压行程中的压力也相差悬殊。因此,要求功率利用合理,工作平稳,安全可靠。

(二)液压机液压系统的工作原理

图7-4所示为液压机液压系统,该系统由高压轴向柱塞变量泵1(其变量机构为恒功率变量机构)向主油路供油,系统压力由安全阀4和远程调压阀5调定,最高压力为32 MPa,根据需要利用远程调压阀调整系统压力,以适应不同工作的需要;执行机构利用电液换向阀换向,控制油路的压力油由定量泵2提供,并通过溢流阀3调定控制油压。

1. 主缸运动

(1)快速下行。

按下启动按钮,电磁铁1YA,5YA通电,电磁换向阀8和电液换向阀6切换至左位,定量泵2提供控制油流经电磁换向阀8使液控单向阀9打开,恒功率变量泵1的压力油进入主缸16上腔,主缸下腔回油到油箱。因主缸滑块在自重作用下迅速下降,恒功率变量泵1供油不及时使工作压力降低,这时恒功率变量泵1流量最大,但仍不能满足滑块加速下降的需要,上腔形成负压,不足的部分通过充液油箱15经液控单向阀14(按照其作用又被称为充液阀)向主缸16上腔供油,油路循环情况如下。

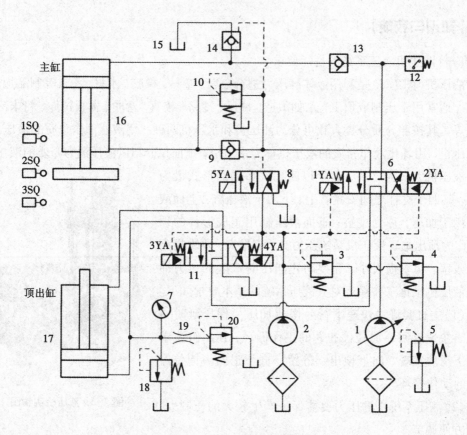

图 7-4　液压机液压系统

1—恒功率变量泵；2—定量泵；3，18，20—溢流阀；4—安全阀；5—远程调压阀；6，11—电液换向阀；

7—压力表；8—电磁换向阀；9，14—液控单向阀；10—顺序阀；12—压力继电器；13—单向阀；

15—油箱；16—主缸；17—顶出缸；19—节流阀

① 进油：油箱→滤油器→恒速变量泵 1→电液换向阀 6（左位）→单向阀 13→主缸 16 上腔。

② 补充进油：充液油箱 15→液控单向阀 14→主缸 16 上腔。

③ 回油：主缸 16 下腔→液控单向阀 9→电液换向阀 6（左位）→电液换向阀 11（中位）→油箱。

④ 回油控制油路：油箱→滤油器→定量泵 2→电磁换向阀 8（左位）→液控单向阀 9。

（2）慢速接近工件、加压。

主缸下降过程中，主缸上的挡块压下行程开关 2SQ，使电磁铁 5YA 断电，电磁换向阀 8 回位，液控单向阀 9 由于控制压力卸掉而关闭，主缸回油遇到障碍，但是当下腔压力增大到足以使顺序阀 10 打开时，主缸下腔液压油就可以回油箱，回油阻力使主缸下降速度减慢，上腔压力升高，致使液控单向阀 14 关闭，这时恒功率变量泵 1 的供油能够满足主缸运动的需要：主缸慢速接近工件；当主缸上的滑块接触工件后，阻力急剧增加，上腔的压力进一步升高，液压泵的流量进一步减小，主缸以极慢的速度对工件加压。这个阶段油路循环路线如下。

① 进油：油箱→滤油器→恒功率变量泵 1→电液换向阀 6（左位）→单向阀 13→主缸上腔。

② 回油：主缸下腔→顺序阀 10→电液换向阀 6（左位）→电液换向阀 11（中位）→油箱。

（3）保压延时。

在使工件加压过程中，当系统压力升高到压力继电器 12 的调定值时，发出电信号使电磁铁 1YA 断电，电液阀 6 回到中位，恒功率变量泵 1 卸荷。单向阀 13 和液控单向阀 14 具有良好的锥面密封性，使主缸上腔保持压力，保压时间由时间继电器控制。

（4）卸压、快速返回。

保压时间结束后，时间继电器（图中未标出）发出信号使电磁铁 2YA 通电，电液换向阀 6 切换至右位，需要主缸活塞返回原位。但是此时主缸上腔保持着高压，且主缸直径比较大，缸内油液在加压过程中存储了相当大的能量，如果这时上腔立即通油箱，缸内液体积蓄的能量突然释放出来，会产生液压冲击，造成振动、噪声甚至使系统元件破坏。因此，必须先卸掉上腔的高压，再让主缸活塞快速返回。

在电磁铁 2YA 通电、电液换向阀 6 右位接入系统后，主缸上腔还处于高压状态，回油路上有单向阀 13 和液控单向阀 14 使之不能回油，以至于虽然下腔承受泵 1 的压力油却无法进油。但是，泵 1 的压力油除了经过液控单向阀 9 作用在主缸下腔，同时还作用在液控单向阀 14 卸荷阀芯上，压力油使液控单向阀 14 的小阀芯打开，主缸上腔卸压，这就完成了主缸返回的第一步。下一步是主缸快速返回。在主缸上腔完成卸压之后，泵 1 液压油进入主缸的下腔，液控单向阀 14 的主阀芯打开，主缸上腔的油液经过液控单向阀 14 流回充液油箱 15，主缸快速返回。由于主缸返回时仅仅克服主缸滑块和活塞等的自重及其摩擦力，因此液压泵的压力比较低，流量大，且主缸下腔的作用面积比较小，故可以得到较高的返回速度。在快速返回过程中，油液循环线路如下。

① 卸压：油箱→滤油器→泵 1→电液换向阀 6（右位）→液控单向阀 14（主阀芯打开、主缸上腔卸压）。

② 进油：油箱→滤油器→泵 1→电液换向阀 6（右位）→液控单向阀 9→主缸 16 下腔。

③ 回油：主缸 16 上腔→液控单向阀 14→充液油箱 15。

（5）原位停止。

原位停止是主缸滑块上升至预定高度，挡块压下行程开关 1SQ 使电磁铁 2YA 失电，电液换向阀 6 回到中位，这时主缸停止运动，液压泵 1 卸荷。

2. 顶出缸的运动

（1）液压机顶出缸的顶出。

按下顶出缸启动按钮，电磁铁 3YA 通电，电液换向阀 11 切换到左位。其油液循环路线如下。

① 进油：油箱→滤油器→泵 1→电液换向阀 6(中位)→电液换向阀 11(左位)→顶出缸下腔。

② 回油：顶出缸上腔→电液换向阀 11(左位)→油箱。

（2）顶出缸的返回。

电磁铁 4YA 通电、3YA 断电，电液换向阀 11 切换到右位。其油路循环路线如下。

① 进油：油箱→滤油器→泵 1→电液换向阀 6(中位)→电液换向阀 11(右位)→顶出缸上腔。

② 回油：顶出缸下腔→顶出电液换向阀 11(右位)→油箱。

（3）原位停止。

电磁铁 3YA，4YA 均失电，顶出缸电液换向阀 11 处于中位，主液压泵 1 卸荷。

3. 液压机拉伸压边的工作原理

有些模具在拉伸操作中有进行"压边"的需要，具体要求顶出缸下腔既能保持一定的压力又能随着主缸的下降而下降，为此设置了背压阀（即溢流阀 20）。回油背压大小通过阀 20 调定，以确定所需的顶出缸的上顶力；溢流阀 20 是锥阀，开度变化时，开口面积变化比较大，影响运动的平稳性，故串联了节流阀 19 进行修正。溢流阀 18 为顶出缸的过载阀，限定了顶出缸下腔的最高压力，一旦节流阀 19 阻塞，过载阀 18 打开溢流，提供安全保护。在此下降的过程中，顶出缸上腔可以利用电液换向阀 11 的中位机能进行补油。

【任务实施】

- 查阅资料。
- 理解液压机液压系统所实现的功能。
- 分析液压系统原理图。
- 运用 FluidSIM 软件模拟系统运行。
- 分析该系统的性能特点。

【任务评价】

表 7-3　液压机液压系统任务评价表

序号	能力点	掌握情况	序号	能力点	掌握情况
1	理解能力		3	归纳总结能力	
2	原理图阅读能力		4	软件运用能力	

任务三 汽车起重机液压系统

【任务目标】

- 掌握汽车起重机液压系统的工作原理和特点；
- 分析汽车起重机液压系统所使用的元件及元件在该系统中的功用；
- 分析汽车起重机液压系统所使用的基本回路。

【任务描述】

查阅资料，熟悉汽车起重机液压系统的作用，分析液压系统原理图，了解系统的性能特点。

【知识与技能】

(一)汽车起重机概述及功能要求

汽车起重机是将起重机安装在汽车底盘上的一种起重运输设备。它主要由起升、回转、变幅、伸缩和支腿等工作机构组成，这些动作的完成由液压系统来实现。汽车液压起重机是我国应用广泛、发展迅速的一种工程机械，目前按照国家系列标准自行设计和制造的有 3，5，8，16，65 t 等多种规格。汽车液压起重机是系列标准中的中等型号，这种起重机采用液压传动，最大起重量为 80 kN(幅度为 3 m 时)，最大起重高度为 11.5 m，起重装置可连续回转。起升、制动、回转、变幅、伸臂和支腿等工作机构则全部采用液压传动。

对于汽车起重机的液压系统，一般要求输出力大，动作平稳，耐冲击，操作灵活、方便、可靠、安全。汽车液压起重机在功能上有以下要求。

(1)汽车液压起重机具有较高的行走速度，可与装运工具的车辆编队行驶，满足其野外作业机动、灵活、不需要配备电源的要求。

(2)在进行起重作业时必须放下支腿，使汽车轮胎架空，避免起重载荷直接作用在轮胎上，而且保证支腿能够长时间可靠地锁住，防止在起重作业过程中发生"软腿"现象，汽车行驶时则必须收起支腿。

(3)在一定范围内能任意调整、平衡、锁定起重臂的长度和角度，以满足不同起重作业的要求。当装上附加吊臂后，可用于在建筑工地吊装预制件，吊装的最大高度为 6 m。

(4)起吊的重物能在一定速度范围内任意升降，并能在任意位置上负重停止，且在负重启动时不出现溜车现象。

(5)能在有冲击、振动、温度变化大和环境较差的条件下工作。但其执行元件要求完成的动作比较简单，位置精度较低。

（二）汽车起重机液压系统的工作原理

图7-5所示为汽车起重机液压系统原理图，该系统的液压泵由汽车发动机通过装在汽车底盘变速箱上的取力箱传动。液压泵工作压力为21 MPa，每转排量为40 mL，转速为1500 r/min，泵通过中心回转接头从油箱吸油，输出的压力油经手动阀组A和手动阀组B输送到各个执行元件。溢流阀12作安全阀用，以防止系统过载，调整压力为19 MPa，其实际工作压力可由压力表读取。这是一个单泵、开式、串联（串联式多路阀）液压系统。

该系统中除液压泵、过滤器、安全阀、阀组A及支腿部分外，其他液压元件都装在可回转的上车部分。其中油箱也在上车部分，兼作配重，上车和下车部分的油路通过中心回转接头连通。起重机液压系统包含支腿收放、起升机构、吊臂伸缩、吊臂变幅、回转机构五部分，各部分都相对独立。

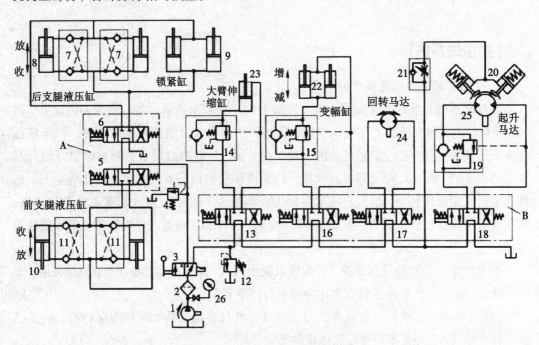

图7-5 汽车起重机液压系统原理图

1—液压泵；2—过滤器；3—切换阀；4，12—溢流阀；5，6，13，16，17，18—三位四通手动换向阀；

7，11—双向液压锁；8—后支腿液压缸；9—锁紧缸；10—前支腿液压缸；14，15，19—液控单向平衡阀；

20—制动缸；21—单向节流阀；22—变幅缸；23—大臂伸缩缸；24—回转马达；25—起升马达；26—压力表

1. 支腿液压缸收放回路

由于汽车轮胎的支承能力有限，在起重作业时必须放下支腿，使汽车轮胎架空。汽车行驶时则必须收起支腿。汽车起重机的底盘前后各有两条支腿，每一条支腿配有一个液压缸，两条前支腿用一个三位四通手动换向阀6控制其收放，而两条后支腿则用另一个三位四通手动换向阀 5 控制，换向阀都采用 M 型中位机能，油路是串联的。每一个液压缸上都配有一个双向液压锁，以保证支腿可靠地锁住，防止在起重作业过程中发生"软腿"现象(由液压缸上腔油路泄漏引起)或行车过程中液压支腿自行下落(由液压缸下腔油路泄漏引起)。此时系统中油液流动情况如下。

(1)在前支腿油路中(以伸出为例)。

① 进油路：液压泵 1→过滤器 2→切换阀 3(左位)→三位四通手动换向阀 5(右位)→双向液压锁 11 上→前支腿液压缸 10 上腔。

② 回油路：前支腿液压缸 10 下腔→双向液压锁 11 下→三位四通手动换向阀 5(右位)→三位四通手动换向阀 6(中位)→油箱。

(2)在后支腿油路中(以缩回为例)。

① 进油路：液压泵 1→过滤器 2→切换阀 3(左位)→三位四通手动换向阀 5(中位)→三位四通手动换向阀 6(左位)→双向液压锁 7 上→后支腿液压缸 8 上腔。

② 回油路：后支腿液压缸 8 下腔→双向液压锁 7 下→三位四通手动换向阀 6(左位)→油箱。

2. 起升回路

起升机构要求所吊重物可升降或在空中停留，速度要平稳、变速要方便、冲击要小、启动转矩和制动力要大。本回路中采用 ZMD40 型柱塞液压马达带动重物升降，变速和换向是通过改变三位四通手动换向阀 18 的开口大小来实现的，用液控单向平衡阀 19 来限制重物超速下降。制动缸 20 是单作用液压缸。单向节流阀 21 用来保证液压油先进入马达，一是使马达产生一定的转矩后，再解除制动，以防止重物带动马达旋转而向下滑；二是保证吊物升降停止时，制动缸中的油路马上与油箱相通，使马达迅速制动。

起升重物时，切换阀 3 切换至右位工作，三位四通手动换向阀 18 切换至左位工作，此时系统中油液流动情况如下。

① 进油路：液压泵 1→过滤器 2→切换阀 3(右位)→三位四通手动换向阀 13(中位)→三位四通手动换向阀 16(中位)→三位四通手动换向阀 17(中位)→三位四通手动换向阀 18(左位)→液控单向平衡阀 19 中的单向阀→起升马达 25 左腔。

② 回油路：起升马达 25 右腔→三位四通手动换向阀 18(左位)→油箱。

同时压力油经单向节流阀到制动缸 20，从而解除制动，使马达旋转。

下放重物时，切换阀 3 仍然在右位工作，三位四通手动换向阀 18 也切换至右位工作，此时系统中油液流动情况如下。

① 进油路：液压泵 1→过滤器 2→切换阀 3(右位)→三位四通手动换向阀 13(中位)→三位四通手动换向阀 16(中位)→三位四通手动换向阀 17(中位)→三位四通手动换向阀 18(右位)→起升马达 25 右腔。

② 回油路：起升马达 25 左腔→液控单向平衡阀 19 中的平衡阀→三位四通手动换向阀 18(右位)→油箱。

当停止作业时，三位四通手动换向阀 18 处于中位，液压泵卸荷。制动缸 20 上的制动瓦在弹簧作用下使液压马达制动。

3. 大臂伸缩回路

本机大臂伸缩采用单级长液压缸驱动。工作中，改变三位四通手动换向阀 13 的开口大小和方向，即可调节大臂运动速度，使大臂伸缩。行走时，应将大臂缩回。大臂缩回时，因液压力与负载力方向一致，为防止吊臂在重力作用下自行收缩，在收缩缸的下落回油腔安置了液控单向平衡阀 14，提高了收缩运动的可靠性。

大臂伸出时，切换阀 3 切换至右位工作，三位四通手动换向阀 13 切换至左位工作，此时系统中油液流动情况如下。

① 进油路：液压泵 1→过滤器 2→切换阀 3（右位）→三位四通手动换向阀 13（左位）→液控单向平衡阀 14 中的单向阀→大臂伸缩缸 23 下腔。

② 回油路：大臂伸缩缸 23 上腔→三位四通手动换向阀 13（左位）→三位四通手动换向阀 16（中位）→三位四通手动换向阀 17（中位）→三位四通手动换向阀 18 中位→油箱。

大臂缩回时，切换阀 3 仍然在右位工作，三位四通手动换向阀 13 也切换至右位工作，此时系统中油液流动情况如下。

① 进油路：液压泵 1→过滤器 2→切换阀 3（右位）→三位四通手动换向阀 13（右位）→大臂伸缩缸 23 上腔。

② 回油路：大臂伸缩缸 23 下腔→液控单向平衡阀 14 中的平衡阀→三位四通手动换向阀 13（右位）→三位四通手动换向阀 16（中位）→三位四通手动换向阀 17（中位）→三位四通手动换向阀 18（中位）→油箱。

当三位四通手动换向阀 13 处于中位时，液压泵卸荷。此时大臂伸缩缸 23 被锁紧在任意位置。

4. 变幅回路

大臂变幅机构是用于改变作业高度的，要求能带载变幅，动作平稳。本机采用两个液压缸并联，提高了变幅机构的承载能力。同时在变幅缸 22 的下落回油腔也安置了液控单向平衡阀 15，增加了变幅运动的可靠性。其要求及油路情况与大臂伸缩油路相同。

5. 回转油路

回转机构要求大臂能在任意方位起吊。本机采用 ZMD40 柱塞液压马达，回转速度为 1~3 r/min。由于惯性小，一般不设缓冲装置，操作三位四通手动换向阀 17，可使马达正、反转或停止。回转油路工作时，切换阀 3 仍然在右位工作，此时系统中油液流动情况如下（以正转为例）。

① 进油路：液压泵 1→过滤器 2→切换阀 3（右位）→三位四通手动换向阀 13（中位）→三位四通手动换向阀 16（中位）→三位四通手动换向阀 17（左位）→回转马达 24 左油口。

② 回油路：回转马达 24 右油口→三位四通手动换向阀 17（左位）→三位四通手动换

向阀18(中位)→油箱。

当三位四通手动换向阀17处于中位时,液压泵卸荷。此时回转台被锁紧在任意位置。

(三)汽车起重机液压系统性能分析

汽车起重机液压系统由平衡、制动、锁紧、换向、调压、调速、多缸卸荷等回路组成。

(1)在平衡回路中,因重物在下降及大臂收缩和变幅时,负载与液压力方向相同,执行元件会失控,为此,在其回油路上采用液控单向平衡阀,以避免在起升、吊臂伸缩和变幅作业进程中因重物自重而降落,且工作稳定、可靠;但在一个方向有单向阀造成的背压,会给系统造成一定的功率损耗。

(2)在制动回路中,采取由单向节流阀和单作用制动缸组成的制动器,利用调整好的弹簧力进行制动,制动可靠,动作快;由于要用液压缸压缩弹簧来松开制动,松开制动的动作慢,可防止负重起重时溜车现象的发生,能够确保起吊安全,并且在汽车发动机熄火或液压系统出现故障时能够迅速实现制动,预防被起吊的重物下落。

(3)在支腿回路中,采用由液控单向阀形成的双向液压锁将前支腿锁定在指定位置上,工作安全可靠,确保在整个起吊过程中,每条支腿都不会出现"软腿"的现象,即便出现发动机故障或液压管道泄漏的情况,双向液压锁仍能长时间可靠锁紧。

(4)在调压回路中,采用溢流阀4来限制系统最高工作压力,防止系统过载,对起重机实现超重保护。

(5)在调速回路中,采用改变手动换向阀的开度大小来调节各执行机构的速度,使得三位四通手动换向阀集控制、换向、调速于一身,这对于作业工况随机性较大且动作频繁的起重机来说,实现了集中控制,便于操作。

(6)在多缸卸荷回路中,采用多路换向阀结构,其中的每一个三位四通手动换向阀的中位机能皆为M型,并且将换向阀在油路中串联使用,这样能够使任何一个工作机构单独动作。这种串联结构也可以在轻载下使执行机构任意组合地同时动作,但采用的换向阀串联个数过多,会使液压泵的卸荷压力加大,系统效率下降。但因为起重机不是频繁作业机械,这些损失对系统的影响不大。

【任务实施】

• 查阅资料。

• 理解汽车起重机液压系统所实现的功能。

• 分析液压系统原理图。

• 运用 FluidSIM 软件模拟系统运行。

• 分析该系统的性能特点。

【任务评价】

表 7-4　汽车起重机液压系统任务评价表

序号	能力点	掌握情况	序号	能力点	掌握情况
1	理解能力		3	归纳总结能力	
2	原理图阅读能力		4	软件运用能力	

任务四　工业机械手液压系统

【任务目标】

- 掌握工业机械手液压系统的工作原理和特点；
- 分析工业机械手液压系统所使用的元件及元件在该系统中的功用；
- 分析工业机械手液压系统所使用的基本回路。

【任务描述】

查阅资料，熟悉工业机械手液压系统的作用，分析液压系统原理图，了解系统的性能特点。

【知识与技能】

（一）工业机械手液压系统

工业机械手是自动化装置的重要组成部分，它可以按照给定的程序、运行轨迹和预定要求模仿人的部分动作，实现自动抓取、搬运等简单动作。它是实现生产作业机械化、自动化的重要机械。在一些笨重、单调及简单重复性体力工作中，利用机械手可以代替人力工作，特别是在高温、易燃、易爆及具有放射性辐射危害等危险恶劣的环境下，采用机械手可以代替人类的非安全性工作。

机械手一般由驱动系统、控制系统、执行机构及位置检测装置等组成，而智能机械手还具有相应的感觉系统和智能系统。根据使用要求，机械手的驱动系统可以采用电气、液压、气压或机械等方式，也可以采用上述几种方式联合传动控制。机械手的种类繁多，通常可以分为专用机械手和通用机械手等。

（二）工业机械手液压系统功能要求

图 7-6 所示为工业机械手液压系统原理图。图中所示的机械手用于工业生产中代替手工自动上料，是圆柱坐标式全液压驱动机械手。执行机构由手部伸缩机构、手腕回转机构、手臂伸缩机构、手臂升降机构、手臂回转机构和回转定位机构等组成。上述机构

各部分均由液压缸驱动,其循环功能为:待料插定位销→手臂前伸→手指松开→手指夹紧抓料→手臂上升→手臂缩回→手腕回转(180°)→拔定位销→手臂回转(95°)→插定位销→手臂前伸→手臂中停→手指松开→手指夹紧→手臂缩回→手臂下降→手腕反转复位→拔定位销→手臂反转→待料泵卸荷。以上循环是按照程序、轨迹要求的,用来完成自动抓取、搬运等动作。

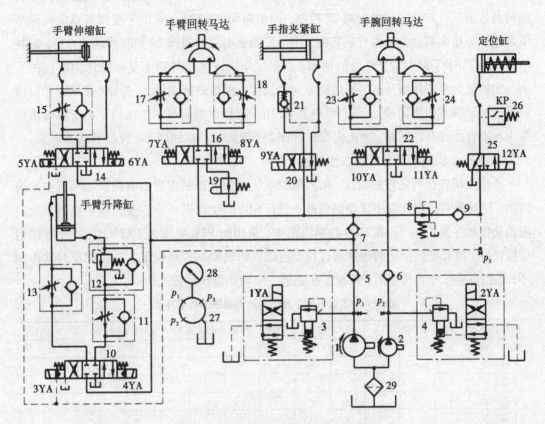

图 7-6 工业机械手液压系统原理图

1, 2—液压泵;3, 4—电磁溢流阀;5, 6, 7, 9—单向阀;8—减压阀;10, 14—电液换向阀;

11, 13, 15, 17, 18, 23, 24—单向调速阀;12—单向顺序阀;16, 22—三位四通电磁换向阀;

19—行程节流阀;20—二位四通电磁换向阀;21—液控单向阀;25—二位三通电磁换向阀;

26—压力继电器;27—转换开关;28—压力表;29—过滤器

该系统中各元件功能如下。工业机械手液压系统原理如图 7-6 所示,系统的动力源为由液压泵 1, 2 组成的双联液压泵,泵的额定压力为 6.3 MPa,流量为(35+18)L/min,液压泵 1 和液压泵 2 的最高工作压力由 p_1, p_2 设定,待料期间的卸荷控制分别由电磁溢流阀 3 和 4 实现。减压阀 8 用于设定定位缸与控制油路所需的较低压力(p_3)(1.5 ~ 1.8 MPa),压力 p_1, p_2, p_3 可以通过压力表 28 及其转换开关 27 观测和显示。单向阀 5 和 6 分别用于保护液压泵 1 和液压泵 2。手臂升降缸是带有缓冲装置的单杆双作用液压缸,其运动方向由电液换向阀 10 来控制,由于手臂升降缸是立置安装的,为防止活塞因自重下滑，设置单向顺序阀 12 来平衡，单向调速阀 11 和 13 分别用于控制手臂升降缸的双向回油节流调速。手臂伸缩缸也是带有缓冲装置的单杆双作用液压缸，而且为活塞杆固定缸，其运动方向由电液换向阀 14 控制，单向调速阀 15 用于手臂伸缩缸伸出动作时的回油节流调速。手臂回转摆动液压马达由三位四通电磁换向阀 16 控制，而单向调速阀 17，18 用于控制其双向回油节流调速，行程节流阀 19 用于手臂回转马达的减速缓冲。手腕回转马达由三位四通电磁换向阀 22 控制，而单向调速阀 23，24 用于控制其双向回油节流调速。手指夹紧缸为活塞杆固定缸，由二位四通电磁换向阀 20 控制其运动方向，液控单向阀 21 用于手指夹紧工件后的锁紧，以保证牢固夹紧工件而不受系统压力波动的影响。定位缸为单作用液压缸，其运动方向由二位三通电磁换向阀 25 控制（拔销退回时由缸内有杆腔弹簧作用回程），压力继电器 26 用于定位后发信号。单向阀 7 用于隔离液压泵 1 与手臂回转马达回路、手指夹紧缸回路、手腕回转马达回路、定位缸回路的联系。

（三）工业机械手液压系统工作原理

液压系统各执行元件的动作，均由电控系统发信号控制相应的电磁换向阀或电液换向阀，使其按照指定的程序来控制机械手进行相应的动作循环。工业机械手液压系统电磁铁动作顺序见表 7-5。在 PLC 控制回路中，采用的 PLC 类型为 FX2N，当按下连续启动按钮后，PLC 按照指定的程序通过控制电磁铁的通断来控制机械手进行相应的动作循环；当按下连续停止按钮后，机械手在完成一个动作循环后停止运动。

表 7-5　工业机械手液压系统电磁铁动作顺序表

动作顺序	1YA	2YA	3YA	4YA	5YA	6YA	7YA	8YA	9YA	10YA	11YA	12YA	KP
插定位销	+	-	-	-	-	-	-	-	-	-	-	+	-/+
手臂前伸	-	-	-	-	+	-	-	-	-	-	-	+	+
手指松开	+	-	-	-	-	-	-	-	+	-	-	+	+
手指夹紧	+	-	-	-	-	-	-	-	-	-	-	+	+
手臂上升	-	-	+	-	-	-	-	-	-	-	-	+	+
手臂缩回	-	-	-	-	-	+	-	-	-	-	-	+	+
手腕回转	+	-	-	-	-	-	-	-	-	+	-	+	+
拔定位销	+	-	-	-	-	-	-	-	-	-	-	-	-
手臂回转	+	-	-	-	-	-	+	-	-	-	-	-	-
插定位销	+	-	-	-	-	-	-	-	-	-	-	+	-/+
手臂前伸	-	-	-	-	+	-	-	-	-	-	-	+	+
手臂中停	-	-	-	-	-	-	-	-	-	-	-	+	+
手指松开	+	-	-	-	-	-	-	-	+	-	-	+	+
手指夹紧	+	-	-	-	-	-	-	-	-	-	-	+	+
手臂缩回	-	-	-	-	-	+	-	-	-	-	-	+	+
手臂下降	-	-	-	+	-	-	-	-	-	-	-	+	+
手腕反转	+	-	-	-	-	-	-	-	-	-	+	+	+
拔定位销	+	-	-	-	-	-	-	-	-	-	-	-	-
手臂反转	+	-	-	-	-	-	-	+	-	-	-	-	-
原位停止	+	+	-	-	-	-	-	-	-	-	-	-	-

1. 插定位销

将 1YA 和 12YA 通电,使液压泵 1 卸荷,二位三通电磁换向阀 25 右位工作,只有液压泵 2 为系统提供压力油,其工作压力由电磁溢流阀 4 调定。此时油路流动情况如下。

进油路:液压泵 2→单向阀 6→减压阀 8→单向阀 9→二位三通电磁换向阀 25(右位)→定位缸左腔。

活塞克服弹簧力向右运动,当运动到一定距离时压力升高,压力继电器 26 动作。

2. 手臂前伸

保持电磁铁 12YA 得电,将电磁铁 5YA 通电,电液换向阀 14 左位工作,液压泵 1 和液压泵 2 同时为系统提供压力油。此时油路流动情况如下。

① 进油路:液压泵 1→单向阀 5 和液压泵 2→单向阀 6→单向阀 7→电液换向阀 14(左位)→手臂伸缩缸右腔。

② 回油路:手臂伸缩缸左腔→单向调速阀 15(调速阀)→电液换向阀 14(左位)→油箱。

手臂伸缩缸缸体右移(前伸动作)。

3. 手指松开

1YA 和 12YA 得电,使液压泵 1 卸荷,只有液压泵 2 为系统提供压力油,其工作压力由电磁溢流阀 4 调定。同时电磁铁 9YA 通电,二位四通电磁换向阀 20 左位工作,此时油路流动情况如下。

① 进油路:液压泵 2→单向阀 6→二位四通电磁换向阀 20(左位)→手指夹紧缸右腔。

② 回油路:手指夹紧缸左腔→液控单向阀 21→二位四通电磁换向阀 20(左位)→油箱。

手指夹紧缸的缸体向右运动,使手指张开。

4. 手指夹紧(抓料)

将 9YA 断电,二位四通电磁换向阀 20 右位工作,保持 1YA 和 12YA 得电,使液压泵 1 卸荷,只有液压泵 2 为系统提供压力油,其工作压力由电磁溢流阀 4 调定。此时油路流动情况如下。

① 进油路:液压泵 2→单向阀 6→二位四通电磁换向阀 20(右位)→液控单向阀 21→手指夹紧缸左腔。

② 回油路:手指夹紧缸右腔→二位四通电磁换向阀 20(右位)→油箱。

手指夹紧缸的缸体向左运动,使手指夹紧抓料。

5. 手臂上升

将电磁铁 3YA 通电,电液换向阀 10 左位工作,液压泵 1 和液压泵 2 同时为系统提供压力油。此时油路流动情况如下。

① 进油路:液压泵 1→单向阀 5 和液压泵 2→单向阀 6→单向阀 7→电液换向阀 10

（左位）→单向调速阀 11（单向阀）→单向顺序阀 12（单向阀）→手臂升降缸下腔。

② 回油路：手臂升降缸（上腔）→单向调速阀 13（调速阀）→电液换向阀 10（左位）→油箱。手臂升降缸活塞上移。

6. 手臂缩回

保持电磁铁 12YA 得电，将电磁铁 6YA 通电，电液换向阀 14 右位工作，液压泵 1 和液压泵 2 同时为系统提供压力油。此时油路流动情况如下。

① 进油路：液压泵 1→单向阀 5 和液压泵 2→单向阀 6→单向阀 7→电液换向阀 14（右位）→单向调速阀 15（单向阀）→手臂伸缩缸左腔。

② 回油路：手臂伸缩缸右腔→电液换向阀 14（右位）→油箱。

手臂回缩缸缸体向左移动（缩回动作）。

7. 手腕回转（正转）

将 10YA 通电，三位四通电磁换向阀 22 左位工作，保持 1YA 和 12YA 得电，使液压泵 1 卸荷，只有液压泵 2 为系统提供压力油，其工作压力由电磁溢流阀 4 调定。此时油路流动情况如下。

① 进油路：液压泵 2→单向阀 6→三位四通电磁换向阀 22（左位）→单向调速阀 24（单向阀）→手腕回转马达右腔。

② 回油路：手腕回转马达左腔→单向调速阀 23（调速阀）→三位四通电磁换向阀 22（左位）→油箱。

手腕回转马达逆时针方向摆动一定角度（180°）。

8. 拔定位销

将 1YA 通电，使液压泵 1 卸荷，同时使 12YA 断电，二位三通电磁换向阀 25 在弹簧作用下处于左位工作。此时油路流动情况如下。

回油路：定位缸左腔→二位三通电磁换向阀 25（左位）→油箱。

在弹簧力作用下活塞向左运动，压力继电器复位。

9. 手臂回转（正转）

将 7YA 通电，三位四通电磁换向阀 16 左位工作，保持 1YA 得电，使液压泵 1 卸荷，只有液压泵 2 为系统提供压力油，其工作压力由电磁溢流阀 4 调定。此时油路流动情况如下。

① 进油路：液压泵 2→单向阀 6→三位四通电磁换向阀 16（左位）→单向调速阀 18（单向阀）→手臂回转马达右腔。

② 回油路：手臂回转马达左腔→单向调速阀 17（调速阀）→三位四通电磁换向阀 16（左位）→行程节流阀 19→油箱。

手臂回转马达逆时针方向摆动一定角度（95°）。

10. 插定位销

电磁铁通断及油路流动情况同 1。

11. **手臂前伸**

电磁铁通断及油路流动情况同 2。

12. **手臂中停**

保持电磁铁 12YA 得电，将电磁铁 5YA 断电，电液换向阀 14 中位工作，手臂伸缩缸双向锁紧。

13. **手指松开**

电磁铁通断及油路流动情况同 3。

14. **手指夹紧**

电磁铁通断及油路流动情况同 4。

15. **手臂缩回**

电磁铁通断及油路流动情况同 6。

16. **手臂下降**

将电磁铁 4YA 通电，电液换向阀 10 右位工作，液压泵 1 和液压泵 2 同时为系统提供压力油。此时油路流动情况如下。

① 进油路：液压泵 1→单向阀 5 和液压泵 2→单向阀 6→单向阀 7→电液换向阀 10（右位）→单向调速阀 13（单向阀）→手臂升降缸上腔。

② 回油路：手臂升降缸（下腔）→单向顺序阀 12（顺序阀）→单向调速阀 11（调速阀）→电液换向阀 10（右位）→油箱。

手臂升降缸活塞下降。

17. **手腕反转**

将电磁铁 11YA 通电，三位四通电磁换向阀 22 右位工作，保持 1YA 和 12YA 得电，使液压泵 1 卸荷，只有液压泵 2 为系统提供压力油，其工作压力由电磁溢流阀 4 调定。此时油路流动情况如下。

① 进油路：液压泵 2→单向阀 6→三位四通电磁换向阀 22（右位）→单向调速阀 23（单向阀）→手腕回转马达左腔。

② 回油路：手腕回转马达右腔→单向调速阀 24（调速阀）→三位四通电磁换向阀 22（右位）→油箱。

手腕回转马达顺时针方向摆动一定角度复位。

18. **拔定位销**

电磁铁通断及油路流动情况同 8。

19. **手臂反转**

将 8YA 通电，三位四通电磁换向阀 16 右位工作，保持 1YA 得电，使液压泵 1 卸荷，只有液压泵 2 为系统提供压力油，其工作压力由电磁溢流阀 4 调定。此时油路流动情况如下。

① 进油路：液压泵 2→单向阀 6→三位四通电磁阀 16（右位）→单向调速阀 17（单向

阀)→手臂回转马达左腔。

② 回油路:手臂回转马达右腔→单向调速阀18(调速阀)→三位四通电磁换向阀16(右位)→行程节流阀19→油箱。

手臂回转马达顺时针方向摆动一定角度复位。

20.原位停止(待料)

此时只有1YA和2YA通电,液压泵1和液压泵2都卸荷待料。至此完成一个动作循环。

(四)液压系统性能分析

(1)采用双泵供油形式,手臂升降和伸缩时由两个液压泵同时供油,手臂及手腕回转、手指松紧及插定位销时,只由小流量泵(液压泵2)供油,大流量泵(液压泵1)卸荷,系统功率利用比较合理,效率较高。

(2)手臂伸出和升降、手臂和手腕的回转分别采用单向调速阀实现回油节流调速,各执行机构速度可调,运动平稳。

(3)手臂伸出、手腕回转到达端点前由行程开关发出信号切断油路,滑行缓冲,由死挡铁定位保证精度。手臂缩回和手臂上升由行程开关适时发出信号,提前切断油路滑行缓冲并定位。由于手臂回转部分质量较大,转速较高,运动惯性力矩较大,在回油路上安装了行程节流阀19进行减速缓冲,最后由定位缸插销定位,满足定位精度要求。

(4)为了使手指夹紧缸夹紧工件后不受系统压力波动的影响,采用了液控单向阀21的锁紧回路,保证工件被牢固地夹紧。

(5)为支撑平衡手臂运动部件的自重,防止手臂自行下滑或超速,采用了单向顺序阀的平衡回路。

【任务实施】

- 查阅资料。
- 理解工业机械手液压系统所实现的功能。
- 分析液压系统原理图。
- 运用 FluidSIM 软件模拟系统运行。
- 分析该系统的性能特点。

【任务评价】

表7-6　工业机械手液压系统任务评价表

序号	能力点	掌握情况	序号	能力点	掌握情况
1	理解能力		3	归纳总结能力	
2	原理图阅读能力		4	软件运用能力	

项目八 解析气压传动系统

【背景知识】

气压传动是以压缩空气为工作介质，以气体的压力能传递动力的传动方式。它具有成本低、效率高、污染少、便于控制的特点，在木工机械、包装机械、修理机械、工程机械等设备中应用十分广泛。气动系统除包括气源装置、执行元件、控制元件及动辅件外，还有用于完成一定逻辑功能的气动逻辑元件和感测、转换、处理气动信息的气动传感器及信号处理装置。学习气压传动时，应当注意与液压传动的异同点，将气源装置、气动控制元件、气动基本回路、气压系统的设计作为重点内容来学习，将根据气动逻辑元件回路的设计方法作为难点内容来学习。

任务一 气压传动概述

【任务目标】

- 了解气压传动系统的工作原理；
- 了解气压传动特点。

【任务描述】

查阅资料，认识气压传动系统的工作原理及组成部分，对比液压传动认识气压传动的特点。

【知识与技能】

(一)气压传动的组成及工作原理

气压传动简称气动，是以压缩空气为工作介质进行能量传递和信号传递的一门技术。气压传动系统的工作原理是利用空气压缩机，将电动机或其他原动机输出的机械能转变为空气的压力能，然后在控制元件的控制和辅助元件的配合下，通过执行元件把空气的压力能转变为机械能，从而完成直线或回转运动并对外做功。由此可知，气压传动系统和液压传动系统类似，也是由以下四部分组成的。

（1）气源装置是获得压缩空气的装置。它将原动机输出的机械能转变为空气的压力能，其主要设备是空气压缩机。

（2）控制元件用来控制压缩空气的压力、流量和流动方向，以保证执行元件具有稳定的输出力和速度，并按照设计的程序正常工作，如压力阀、流量阀、方向阀和逻辑阀等。

（3）执行元件是将空气的压力能转变为机械能的一种能量转换装置，如气缸和气马达。

（4）辅助元件是用于辅助保证气动系统正常工作的一些装置，如过滤器、干燥器、空气过滤器、消声器和油雾器等。

（二）气压传动的优缺点

气动技术在国内外发展很快，因为以压缩气体为工作介质具有防火、防爆、防电磁干扰，抗振动、冲击、辐射，无污染，结构简单，工作可靠等特点，所以气动技术与液压、机械、电气和电子技术一起，互相补充，已发展成为实现生产过程自动化的一个重要手段。气动技术在机械工业、冶金工业、轻纺食品工业、化工、交通运输、航空航天、国防建设等各个部门已得到广泛的应用。

1. 气压传动的优点

（1）空气随处可取，取之不尽，减少了购买、储存、运输介质的费用和麻烦；使用后，气体可直接排入大气，对环境无污染，处理方便，不必设置回收管路，因而也不存在介质变质、补充和更换等问题。

（2）因空气黏度小（约为液压油的万分之一），在管内流动阻力小，压力损失小，便于集中供气和远距离输送，即使有泄漏，也不会像液压油一样污染环境。

（3）与液压相比，气动反应快、动作迅速、维护简单、管路不易堵塞。

（4）气动元件结构简单，制造容易，适于标准化、系列化、通用化。

（5）气动系统对工作环境适应性好，特别在易燃、易爆、多尘埃、强磁、辐射、振动等恶劣工作环境中工作时，其安全可靠性优于液压、电子和电气系统。

（6）空气具有可压缩性，使气动系统能够实现过载自动保护，也便于储气罐储存能量，以备急需。

（7）排气时，气体因膨胀而温度降低，因而气动设备可以自动降温，长期运行也不会发生过热现象。

2. 气压传动的缺点

（1）空气具有可压缩性，当载荷变化时，气动系统的动作稳定性差，但可以采用气液联动装置解决此问题。

（2）工作压力较低（一般为 0.4~0.8 MPa），又因结构尺寸不宜过大，因而输出功率较小。

（3）气信号传递的速度比光信号、电子信号传递的速度慢，故不宜用于要求高传递速度的复杂回路中。但对一般机械设备，气动信号的传递速度是能够满足要求的。

（4）排气噪声大，需加消声器。

【任务实施】

• 查阅资料。

• 分析气动系统组成和特点。

【任务评价】

表 8-1　气压传动概述任务评价表

序号	能力点	掌握情况	序号	能力点	掌握情况
1	理解能力		3	工作原理理解	
2	类比能力				

任务二　解析气源装置及辅件

【任务目标】

• 了解气源装置各组成部分的作用；

• 了解气源装置各组成部分的工作原理；

• 能正确操作气源装置。

【任务描述】

根据空气的成分及系统对压缩空气的要求理解气源装置的组成，并操作设备实现工业用气供应。

【知识与技能】

气源装置包括压缩空气的发生装置及压缩空气的储存、净化等辅助装置。它为气动系统提供合乎质量要求的压缩空气，是气动系统的一个重要组成部分。气源装置一般由气压发生装置、净化及储存压缩空气的装置和设备、传输压缩空气的管道系统和气动三联件四部分组成。

（一）气源装置

1. 对压缩空气的要求

（1）要求压缩空气具有一定的压力和流量。

因为压缩空气是气动装置的动力源，没有一定的压力不但不能保证执行元件产生足够的推力，甚至连控制元件都难以正确地动作；没有足够的流量，就不能满足对执行元件运动速度和程序的要求等。总之，若压缩空气没有一定的压力和流量，气动装置的一切功能均无法实现。

（2）要求压缩空气具有足够的清洁度和干燥度。

清洁度是指气源中含油量、含灰尘杂质的质量及颗粒大小都要控制在很低的范围内。干燥度是指压缩空气中含水量的多少，气动装置要求压缩空气的含水量越低越好。因此，气源装置必须设置一些除油、除水、除尘，并使压缩空气干燥、提高压缩空气质量、进行气源净化处理的辅助设备。

2. 压缩空气站的设备组成及布置

压缩空气站的设备一般包括产生压缩空气的空气压缩机和使气源净化的辅助设备。图 8-1 所示为压缩空气站设备组成及布置示意图。空气压缩机 1 用以产生压缩空气，一般由电动机带动。其吸气口装有空气过滤器，以减少进入空气压缩机内气体的杂质含量。后冷却器 2 用以冷却压缩空气，使汽化的水、油凝结。油水分离器 3 用以分离并排出冷凝的水滴、油滴、杂质等。储气罐 4 用以储存压缩空气，稳定压缩空气的压力，并除去部分油分和水分。干燥器 5 用以进一步吸收或排除压缩空气中的水分及油分，使之变成干燥空气。过滤器 6 用以进一步过滤压缩空气中的灰尘、杂质颗粒。储气罐 4 输出的压缩空气可用于一般要求的气压传动系统，储气罐 7 输出的压缩空气可用于要求较高的气动系统。

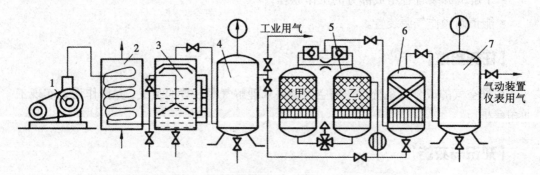

图 8-1　压缩空气站设备组成及布置示意图

1—空气压缩机；2—后冷却器；3—油水分离器；4，7—储气罐；5—干燥器；6—过滤器

（1）空气压缩机的分类及选用原则。

① 分类。空气压缩机是一种气压发生装置，它是将机械能转化成气体压力能的能量

转换装置。其种类很多,分类形式也有数种。按照其工作原理可分为容积型压缩机和速度型压缩机。容积型压缩机的工作原理是压缩气体的体积,使单位体积内气体分子的密度增大,以提高压缩空气的压力。速度型压缩机的工作原理是提高气体分子的运动速度,然后使气体的动能转化为压力能,以提高压缩空气的压力。

② 选用原则。选用空气压缩机的依据是气压传动系统所需要的工作压力和流量两个参数。一般空气压缩机为中压空气压缩机,额定排气压力为 1 MPa。另外还有低压空气压缩机,排气压力为 0.2 MPa;高压空气压缩机,排气压力为 10 MPa;超高压空气压缩机,排气压力为 100 MPa。对于输出流量的选择,要根据整个气动系统对压缩空气的需要再加一定的备用余量,作为选择空气压缩机的流量依据。空气压缩机铭牌上的流量是自由空气流量。

(2)空气压缩机的工作原理。

气动系统中最常用的是往复活塞式空气压缩机,其工作原理图如图 8-2 所示。当活塞 3 向右运动时,气缸 2 内活塞左腔的压力低于大气压力,吸气阀 9 被打开,空气在大气压力作用下进入气缸 2 内,这个过程称为吸气过程。当活塞左移时,吸气阀 9 在缸内压缩气体的作用下关闭,缸内气体被压缩,这个过程称为压缩过程。当气缸内空气压力增高到略高于输气管内压力后,排气阀 1 被打开,压缩空气进入输气管道,这个过程称为排气过程。活塞 3 的往复运动是由电动机带动曲柄转动,通过连杆、滑块、活塞杆转化为直线往复运动而产生的。

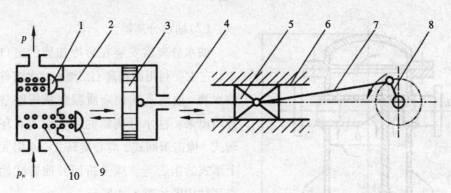

图 8-2 往复式活塞空气压缩机工作原理图

1—排气阀;2—气缸;3—活塞;4—活塞杆;5,6—十字头与滑道;

7—连杆;8—曲柄;9—吸气阀;10—弹簧

(二)气动辅助元件

气动辅助元件分为气源净化装置和其他辅助元件两大类。

1. 气源净化装置

压缩空气净化装置一般包括后冷却器、油水分离器、储气罐、干燥器和过滤器等。

(1)后冷却器。

后冷却器安装在空气压缩机出口管道上。空气压缩机排出 140~170 ℃的压缩空气，经过后冷却器，温度降至 40~50 ℃。这样，就可使压缩空气中的油雾和水汽达到饱和，使其大部分凝结成滴而经油水分离器排出。后冷却器的结构形式有蛇管式、列管式、散热片式、管套式。冷却方式有水冷和气冷两种。蛇管式和列管式后冷却器的结构图如图8-3所示。

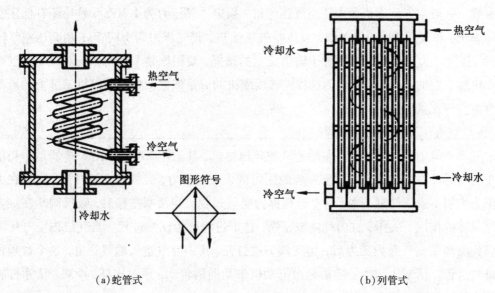

（a）蛇管式　　　　　　　　　　　　（b）列管式

图8-3　后冷却器

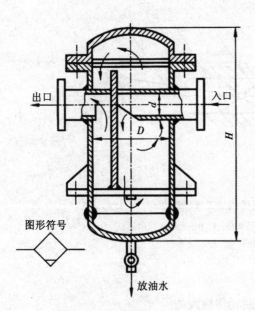

图8-4　撞击折回并回转式
油水分离器结构图

（2）油水分离器。

油水分离器安装在后冷却器的出口管道上，它主要利用回转离心、撞击、水浴等方法使水滴、油滴及其他杂质颗粒从压缩空气中分离出来。油水分离器的结构形式有环形回转式、撞击折回式、离心旋转式、水浴式及以上形式的组合等。撞击折回并回转式油水分离器结构图如图8-4所示。

（3）储气罐。

储气罐的主要作用：储存一定数量的压缩空气；减少气源输出气流脉动，增加气流连续性，减弱空气压缩机排出气流脉动引起的管道振动；进一步分离压缩空气中的水分和油分。储气罐一般采用焊接结构，以立式居多。

（4）干燥器。

干燥器的作用是进一步除去压缩空气中含有的水分、油分和颗粒杂质等，使压缩空气干燥。其提供的压缩空气，用于对气源质量要求较高的气动装置、气动仪表等。压缩空气的干燥主要采用吸附、离心、机械降水及冷冻等方法。其中，吸附法是干燥处理方法中应用最为普遍的一种方法。吸附式干燥器结构图如图8-5所示。

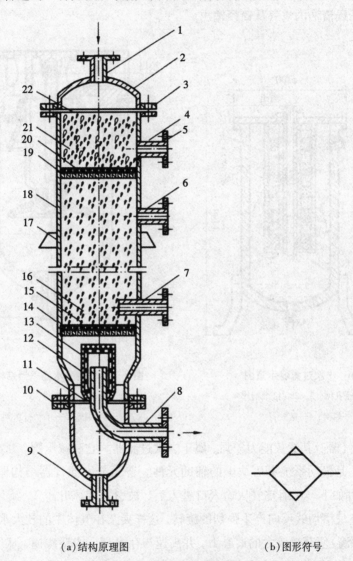

（a）结构原理图　　　　　（b）图形符号

图8-5　吸附式干燥器结构图

1—湿空气进气管；2—顶盖；3，5，10—法兰；4，6—再生空气排气管；7—再生空气进气管；

8—干燥空气输出管；9—排水管；11，22—密封座；12，15，20—铜丝过滤网；

13—毛毡；14—下栅板；16，21—吸附剂层；17—支撑板；18—筒体；19—上栅板

（5）过滤器。

空气的过滤是气压传动系统中的重要环节。不同的场合，对压缩空气的要求也不

同。过滤器的作用是进一步滤除压缩空气中的杂质。常用的过滤器有一次性过滤器（也称简易过滤器，滤灰效率为50%~70%）、二次过滤器（滤灰效率为70%~99%）。在要求高的特殊场合，还可使用高效率的过滤器（滤灰效率大于99%）。

① 一次过滤器。图8-6所示为一种一次过滤器，气流由切线方向进入筒内，在离心力的作用下分离出液滴，然后气体由下而上通过多片钢板、毛毡、硅胶、焦炭、滤网等过滤吸附材料，干燥清洁的空气从筒顶输出。

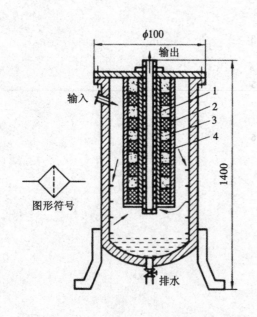

图8-6 一次过滤器示意图

1—10 mm密孔网；2—280目细钢丝网；

3—焦炭；4—硅胶等

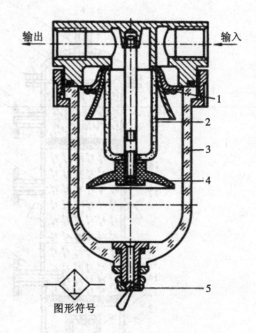

图8-7 普通分水滤气器结构图

1—旋风叶子；2—滤芯；3—存水杯；

4—挡水板；5—手动排水阀

② 分水滤气器。其滤灰能力较强，属于二次过滤器。它和减压阀、油雾器一起被称为气动三联件，是气动系统不可缺少的辅助元件。普通分水滤气器结构图如图8-7所示。其工作原理如下。压缩空气从输入口进入后，被引入旋风叶子1，旋风叶子上有很多小缺口，使空气沿切线反向产生强烈的旋转，这样夹杂在气体中的较大水滴、油滴、灰尘等（主要是水滴）便获得较大的离心力，并高速与存水杯3内壁碰撞，从气体中分离出来，沉淀于存水杯3中，然后气体通过中间的滤芯2，部分灰尘、雾状水被滤芯拦截而滤去，洁净的空气便从输出口输出。挡水板4是防止气体旋涡将杯中积存的污水卷起而破坏过滤作用的。为保证分水滤气器正常工作，必须及时将存水杯中的污水通过排水阀5放掉。在某些人工排水不方便的场合，可采用自动排水式分水滤气器。

存水杯由透明材料制成，便于观察工作情况、污水情况和滤芯污染情况。滤芯目前采用铜粒烧结而成。发现其油泥过多，可采用酒精清洗，干燥后再装上，可继续使用。

但是这种过滤器只能滤除固体和液体杂质，因此使用时应尽可能装在能使空气中的水分变成液态的部位或防止液体进入的部位，如气动设备的气源入口处。

2. 其他辅助元件

（1）油雾器。

油雾器是一种特殊的注油装置。它以空气为动力，使润滑油雾化后注入空气流中，并随空气进入需要润滑的部件，以达到润滑的目的。

图 8-8 所示为普通油雾器（也称一次油雾器）。当压缩空气由输入口进入后，通过喷嘴 1 下端的小孔进入阀座 4 的腔室内，在截止阀的钢球 2 的上、下表面形成压差，由于泄漏和弹簧 3 的作用，而使钢球处于中间位置。压缩空气进入存油杯 5 的上腔使油面受压，压力油经吸油管 6 将单向阀 7 的钢球顶起，钢球上部管道有一个方形小孔，钢球不能将上部管道封死。压力油不断流入视油器 9 内，再滴入喷嘴 1 中，被主管气流从上面小孔引射出来，雾化后从输出口输出。节流阀 8 可调节流量，使滴油量在 0~120 滴/分钟变化两次；油雾器能使油滴在雾化器内进行两次雾化，使油雾粒度更小、更均匀，输送距离更远。

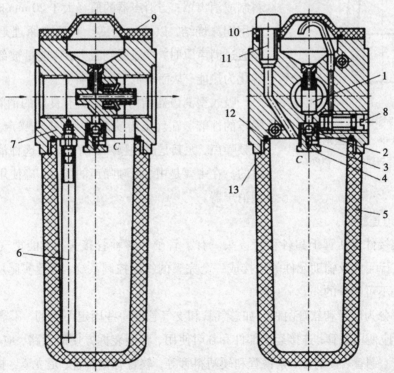

图 8-8 普通油雾器（一次油雾器）

1—喷嘴；2—钢球；3—弹簧；4—阀座；5—存油杯；6—吸油管；7—单向阀；
8—节流阀；9—视油器；10，12—密封垫；11—油塞；13—螺母、螺钉

油雾器的选择主要是根据气压传动系统所需额定流量及油雾的粒径大小来进行的。所需油雾粒径在 50 m 左右时，应选用一次油雾器；若所需油雾粒径很小，可选用二次油雾器。油雾器一般应配置在滤气器和减压阀之后、用气设备之前的较近处。

（2）消声器。

在气压传动系统中，气缸、气阀等元件工作时，排气速度较高，气体体积急剧膨胀，会产生刺耳的噪声。噪声的强弱随排气的速度、排量和空气通道的形状而变化。排气的速度和功率越大，噪声也越大，一般可达 100~120 dB，为了降低噪声可以在排气口装消声器。消声器通过阻尼或增加排气面积来降低排气速度和功率，从而降低噪声。

气动元件使用的消声器一般有三种类型：吸收型消声器、膨胀干涉型消声器和膨胀干涉吸收型消声器。常用的是吸收型消声器。图 8-9 所示为吸收型消声器。这种消声器主要依靠吸声材料来消声。消声罩 2 为多孔的吸声材料，一般用聚苯乙烯或铜珠烧结而成。当消声器的通径小于 20 mm 时，多用聚苯乙烯作消声材料制成消声罩；当消声器的通径大于 20 mm 时，消声罩多用铜珠烧结，以增加强度。其消声原理是当有压气体通过消声罩时，气流受到阻力，声能量被部分吸收而转化为热能，从而降低了噪声强度。

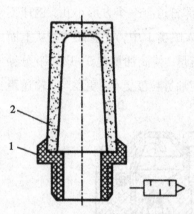

（a）结构图　（b）图形符号

图 8-9　吸收型消声器

1—连接螺钉；2—消声罩

吸收型消声器结构简单，具有良好的消除中、高频噪声的性能。在气压传动系统中，排气噪声主要是中、高频噪声，尤其是高频噪声，所以采用这种消声器是合适的。在主要是中、低频噪声的场合，应使用膨胀干涉型消声器。

（3）管道连接件。

管道连接件包括管子和各种管接头。有了管子和各种管接头，才能把气动控制元件、气动执行元件及辅助元件等连接成一个完整的气动控制系统，因此实际应用中，管道连接件是不可缺少的。

管子可分为硬管和软管两种。如总气管和支气管等一些固定不动的、不需要经常装拆的地方，应使用硬管；连接运动部件和临时使用、希望装拆方便的管路，应使用软管。硬管有铁管、铜管、黄铜管、紫铜管和硬塑料管等，软管有塑料管、尼龙管、橡胶管、金属编织塑料管及挠性金属导管等。常用的是紫铜管和尼龙管。

气动系统中使用的管接头的结构及工作原理与液压管接头的基本相似，分为卡套式、扩口螺纹式、卡箍式、插入快换式等。

【任务实施】

- 按照操作规程顺序开启气源装置。
- 调定气动系统进口压力为 0.6 MPa。
- 掌握压缩机使用方法和保养规程。

【任务评价】

表 8-2 解析气源装置及辅件任务评价表

序号	能力点	掌握情况	序号	能力点	掌握情况
1	安全操作		4	组成部分划分	
2	功能理解		5	元件识别	
3	原理图识别				

任务三 解析气动执行元件

【任务目标】

- 能够按照工作要求选用合适的气动执行元件；
- 能够熟悉各组元件的作用及所属归类；
- 能够正确连接气动执行元件并实现工作要求。

【任务描述】

选择合适的执行元件进行控制，设计气动推料装置，并在实验台上进行回路连接。

【知识与技能】

(一) 气缸

气缸是在压缩空气的驱动下做直线往复运动，以力和位移形式输出能量的执行元件。气缸与液压缸相比，其特点是结构简单、动作速度快。但由于工作压力低，气体的可压缩性大、输出力较小、平稳性较差，故气缸在轻负载、定负载的场合使用较多。气缸分类如下：① 按照压缩空气驱动活塞运动方向，可分为驱动活塞向一个方向运动的单作用气缸和驱动活塞向两个方向运动的双作用气缸；②按照结构可分为活塞式、柱塞式、薄膜式气缸和气压阻尼缸等；③按照安装方式可分为耳座式、法兰式、轴销式和嵌入式气缸。

1. 普通活塞式气缸

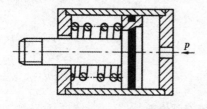

图 8-10　单活塞杆单作用气缸结构图

（1）单活塞杆单作用气缸。

单活塞杆单作用气缸结构图如图 8-10 所示，由缸体、活塞、活塞杆和弹簧等部件组成。弹簧作为背压和复位使用，其强度和疲劳性对气缸的稳定性有直接影响。

（2）单活塞杆双作用气缸。

单活塞杆双作用气缸结构图如图 8-11 所示，由缸体、缸盖、活塞、活塞杆等部件组成。此类气缸带有缓冲装置，在活塞到达行程终点前起缓冲作用，以避免活塞撞击缸盖。

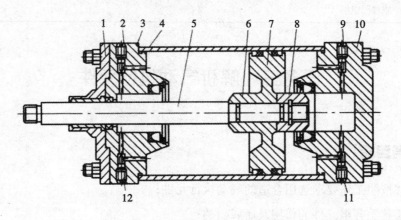

图 8-11　单活塞杆双作用气缸结构图

1—压盖；2，9—节流阀；3—前缸盖；4—缸体；5—活塞杆；6，8—缓冲柱塞；

7—活塞；10—后缸盖；11，12—单向阀

2. 无活塞杆气缸

无活塞杆气缸示意图如图 8-12 所示，由缸筒 2、防尘密封件 7、抗压密封件 4、无杆活塞 3、缸盖 1、传动舌头 5、导架 6 等组成。铝质气缸筒沿轴向开槽，槽由内部的抗压密封件 4 和外部的防尘密封件 7 密封，互相夹持固定，以防止缸内压缩空气泄漏和外部杂质侵入。无杆活塞 3 两端带有唇形密封圈，可以在缸内做往复运动。该运动通过缸筒槽的传动舌头 5 传递到导架 6，以驱动负载。此时，传动舌头 5 将抗压密封件 4 和防尘密封件 7 挤开，起到良好的密封作用。

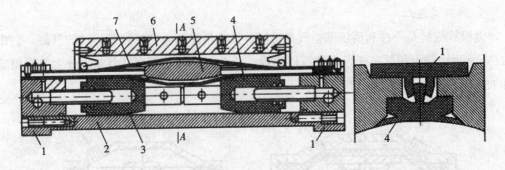

(a)无活塞杆气缸结构　　　　　　　　　(b)缸筒槽密封件安装

图 8-12　无活塞杆气缸示意图

1—缸盖；2—缸筒；3—无杆活塞；4—抗压密封件；5—传动舌头；6—导架；7—防尘密封件

3. 气液阻尼缸

普通气缸工作时，由于气体的压缩性，当外部载荷变化较大时，会产生"爬行"或"自走"现象，使气缸的工作不稳定。为了使气缸运动平稳，普遍采用气液阻尼缸。

气液阻尼缸由气缸和油缸组合而成，其工作原理图如图 8-13 所示。它是以压缩空气为能源，并利用油液的不可压缩性和控制油液排量来获得活塞的平稳运动与调节活塞的运动速度。它将油缸和气缸串联成一个整体，两个活塞固定在一根活塞杆上。当气缸右端供气时，气缸克服外负载并带动油缸同时向左运动，此时油缸左腔排油、单向关闭。油液只能经节流阀缓慢流入油缸右腔，对整个活塞的运动起阻尼作用。调整节流阀的阀口大小就能达到调节活塞运动速度的目的。当压缩空气经换向阀从气缸进入时，油缸右腔排油，此时因单向阀开启，活塞能快速返回到原来位置。

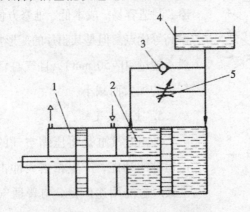

图 8-13　气液阻尼缸工作原理图

1—气缸；2—液压缸；3—单向阀；4—油箱；5—节流阀

这种气液阻尼缸的结构一般是将双活塞杆缸作为油缸。因为这样可使油缸两腔的排油量相等，此时油箱内的油液只用来补充因油缸泄漏而减少的油量，一般用油杯就可以。

4. 薄膜式气缸

薄膜式气缸是一种利用压缩空气通过膜片推动活塞杆做往复直线运动的气缸。它由缸体、膜片、膜盘和活塞杆等主要零件组成。其功能类似于活塞式气缸，分为单作用式和双作用式两种，如图 8-14 所示。

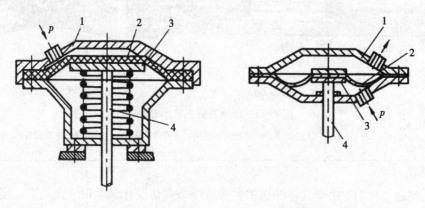

（a）单作用薄膜式气缸　　　　　（b）双作用薄膜式气缸

图 8-14　串联型气液阻尼缸工作原理图

1—气缸；2—液压缸；3—单向阀；4—油箱；5—节流阀

薄膜式气缸的膜片可以做成盘形膜片和平膜片两种形式。膜片材料为夹织物橡胶、钢片或磷青铜片。常用的是夹织物橡胶，橡胶的厚度为 5~6 mm，有时也可为 13 mm。金属式膜片只用于行程较小的薄膜式气缸中。

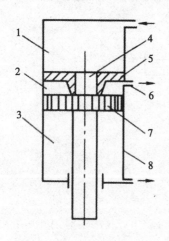

图 8-15　冲击式气缸结构图

1—蓄能腔；2—活塞腔；3—活塞杆腔；

4—喷嘴口；5—中盖；6—低压排气口；

7—活塞；8—缸体

薄膜式气缸和活塞式气缸相比，具有结构简单紧凑、制造容易、成本低、维修方便、寿命长、泄漏小、效率高等优点。但是其膜片的变形量有限，故其行程短（一般不超过 40~50 mm），且气缸活塞杆上的输出力随着行程的加大而减小。

5. 冲击式气缸

冲击式气缸是将压缩空气的压力能转换为活塞高速运动的动能，产生相当大冲击运行速度的气缸。冲击式气缸的用途广泛，与普通气缸相比增加了一个具有一定容积的蓄能腔和喷嘴，其结构图如图 8-15 所示。它由缸体、中盖、活塞、活塞杆等部件组成。中盖与缸体连接在一起，其上开有喷嘴口和泄气口。中盖与活塞把缸体分成蓄能腔、活塞腔和活塞杆腔，活塞上装有橡胶密封垫，当活塞退回到顶点时密封垫封住喷嘴口，使蓄能腔和活塞腔不通气。其工作原理和过程可分为以下三个阶段。

第一阶段，气缸控制阀处于原始位置，压缩空气由进气口进入活塞杆腔3，蓄能腔1与活塞腔2通大气，活塞7上移封住中盖5口上的喷嘴口4，活塞腔2经低压排气口6仍与大气相通，如图8-16(a)所示。

第二阶段，控制阀切换进气口，蓄能腔1进气，压力逐渐上升，其压力通过喷嘴口4的较小面积作用在活塞7上，还不能克服活塞杆腔3的排气压力所产生的向上推力及活塞7与缸体之间的摩擦阻力，喷嘴口4处于关闭状态。与此同时，活塞杆腔3排气，压力逐渐下降，作用在活塞7上的力逐渐减小。由于上腔气压作用在喷嘴上的面积较小，而下腔气压作用在喷嘴上的面积较大，故可使上腔储存很多的能量，如图8-16(b)所示。

第三阶段，随着压缩空气不断进入蓄能腔1，蓄能腔1的压力逐渐升高。当作用在喷嘴口4面积上的总推力足以克服活塞7受到的阻力时，活塞7开始向下运动，喷嘴口4打开。此时蓄能腔1的压力很高，活塞腔2为大气压力，如图8-16(c)所示。蓄能腔1内气体以很高的速度流向活塞腔，进而作用于活塞7全面积上。高速气流进入活塞腔2的压力可达气源压力的几倍甚至几十倍，而此时活塞杆腔3的压力很低，在大气压差作用下，活塞7急剧加速，在很短时间(0.25~1.25 s)内，以极高的速度(平均速度可达8 m/s)冲击下运动，从而获得巨大动能。

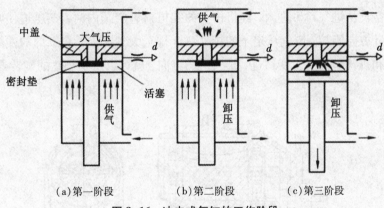

(a)第一阶段　　　(b)第二阶段　　　(c)第三阶段

图8-16　冲击式气缸的工作阶段

经过上述三个阶段后，冲击式气缸完成了一个工作循环，控制阀复位，开始下一个工作循环。

(二)气马达

气马达也是气动执行元件的一种。它的作用相当于电动机或液压马达，即输出转矩，拖动机构做旋转运动。

1. 气马达的分类及特点

气马达按照结构形式可分为叶片式气马达、活塞式气马达和薄膜式气马达等，最常见的是叶片式气马达和活塞式气马达。叶片式气马达制造简单、结构紧凑，但低速运动转矩小，低速性能不好，适用于中、低功率的机械，目前普遍应用于矿山及风动工具中。

活塞式气马达在低速情况下有较大的输出功率，其低速性能好，适宜于载荷较大和要求低速大转矩的机械，如起重机、绞车、绞盘、拉管机等。与液压马达相比，气马达具有以下特点。

(1)工作安全。可以在易燃、易爆场所工作，同时不受高温和振动的影响。

(2)可以长时间满载工作且温升较小。

(3)可以无级调速。控制进气流量，就能调节气马达的转速和功率。额定转速以每分钟几十转到几十万转。

(4)具有较高的启动转矩。可以直接带负载运动。

(5)结构简单，操纵方便，维护容易，成本低。

(6)输出功率相对较小，最大只有 20 kW 左右，耗气量大，效率低，噪声大。

2. 气马达的工作原理

图 8-17 所示为叶片式气马达结构原理图，它的主要结构和工作原理与液压叶片马达的结构和工作原理相似，主要包括一个径向装有 3~10 个叶片的转子，偏心安装在定子内，转子两侧有前后盖板(图中未画出)，叶片在转子的槽内可径向滑动，叶片底部通有压缩空气，转子转动时靠离心力和叶片底部气压将叶片紧压在定子内表面上。定子内有半圆形的切沟，以提供压缩空气及排出废气。

当压缩空气从进气口 1 进入，经机体上的孔道射进定子内时，气压迫使叶片带动转子 4 沿顺时针方向旋转，废气从定子的排气口 3 排至大气，转子右半部的残余废气则通过右侧孔道和排气口排出。变通进、排气口的方向，就可以变换马达的旋转方向。

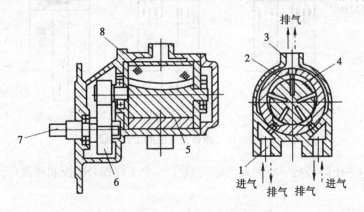

图 8-17 叶片式气马达结构原理图
1—进气口；2—叶片；3—排气口；4—转子；5—定子；
6—传动齿轮；7—输入轴；8—壳体

图 8-18 所示为径向活塞式气马达工作原理图。压缩空气经进气口进入配气阀(又称分配阀)后进入气缸，推动活塞及连杆组件运动，再使曲柄旋转。曲柄旋转的同时，带动固定在曲轴上的分配阀同步转动，使压缩空气随着分配阀角度位置的改变而进入不同

的缸内，依次推动各个活塞运动，由各活塞及连杆带动曲轴连续运转。与此同时，与进气缸相对应的气缸则处于排气状态。

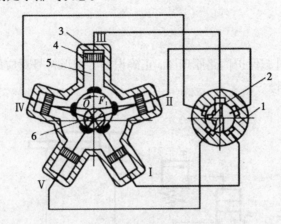

图 8-18　径向活塞式气马达工作原理图
1—配气阀套；2—配气阀；3—星形缸体；4—活塞；5—连杆组件；6—曲轴

【任务实施】

- 理解生产线推料装置中气缸所实现的功能。
- 读懂气动系统原理图。
- 选择对应的功能元件。
- 完成安装并运行。

【任务评价】

表 8-3　解析气动执行元件任务评价表

序号	能力点	掌握情况	序号	能力点	掌握情况
1	安全操作		4	元件识别	
2	功能理解		5	系统安装	
3	原理图识别				

任务四　解析气动控制元件

【任务目标】

- 能够按照工作要求选用合适的气动控制元件；

- 能够熟悉各组元件的作用及所属归类；
- 能够正确连接气动控制元件并实现工作要求。

【任务描述】

图 8-19 为气动过载保护回路原理图，正确识别各图形符号对应的元件，按照图示在实验台上进行回路连接。

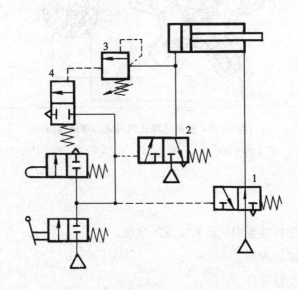

图 8-19　气动过载保护回路原理图

【知识与技能】

气压传动系统中，气动控制元件是控制和调节压缩空气的压力、流量和方向的控制阀，其作用是保证气动执行元件（如气缸、气马达等）按照设计的程序正常进行工作。

（一）压力控制阀

气动系统不同于液压系统，一般每一个液压系统都自带液压源（液压泵）；而在气动系统中，一般来说由空气压缩机先将空气压缩，储存在储气罐内，然后经管路输送给各个气动装置使用。而储气罐的空气压力往往比各台设备实际所需要的压力高一些，同时其压力波动值也较大。因此需要用减压阀（调压阀）将其压力减到每台装置所需的压力，并使减压后的压力稳定在所需压力值上。

有些气动回路需要依靠回路中压力的变化来实现控制两个执行元件的顺序动作，此时所使用的阀就是顺序阀。顺序阀与单向阀的组合称为单向顺序阀。

为了安全起见，对于所有的气动回路或储气罐，当其压力超过允许压力值时，需要实现自动向外排气，这种压力控制阀称为安全阀（溢流阀）。

1. 减压阀（调压阀）

图8-20所示为直动式减压阀结构图。其工作原理如下：当阀处于工作状态时，调节手柄1、调压弹簧2和3及膜片5，通过阀杆6使阀芯8下移，进气阀口被打开；有压气流从左端输入，经阀口节流减压后从右端输出；输出气流的一部分由阻尼孔7进入膜片气室，在膜片5的下方产生一个向上的推力，这个推力总是企图把阀口开度关小，使其输出压力下降，当作用于膜片上的推力与弹簧力相平衡后，减压阀的输出压力便保持一定。

当输入压力发生波动时，如输入压力瞬时升高，输出压力也随之升高，作用于膜片5上的气体推力也随之增大，破坏了原来力的平衡，使膜片5向上移动，且有少量气体经溢流口4、排气孔11排出。在膜片上移的同时，因复位弹簧10的作用，使输出压力下降，直到达到新的平衡为止。重新平衡后的输出压力又基本上恢复至原值。反之，输出压力瞬时下降，膜片下移，进气口开度增大，节流作用减小，输出压力又基本上回升至原值。

调节手柄1使弹簧2，3恢复自由状态，输出压力降至零，阀芯8在复位弹簧10的作用下，关闭进气阀口，这样，减压阀便处于截止状态，无气流输出。

直动式减压阀的调压范围为0.05~0.63 MPa。为限制气体流过减压阀所造成的压力损失，规定气体通过阀内通道的流速在15~25 m/s。

安装减压阀时，要按照气流的方向和减压阀上所示的箭头方向，依照"分水滤气器→减压阀→油雾器"的安装次序进行安装。调压时，应由低向高调，直至规定的调压值为止。阀不用时应把手柄放松，以免膜片经常受压而变形。

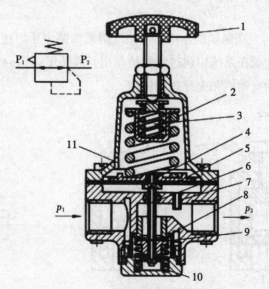

图8-20 直动式减压阀结构图

1—手柄；2，3—调压弹簧；4—溢流口；5—膜片；6—阀杆；
7—阻尼孔；8—阀芯；9—阀座；10—复位弹簧；11—排气孔

2. 顺序阀

顺序阀是依靠气路中压力的作用而控制执行元件按顺序动作的压力控制阀，一般很少单独使用，往往与单向阀配合在一起构成单向顺序阀。图8-21所示为单向顺序阀工作原理图。当压缩空气由左端进入阀腔后，作用于活塞3上的气压力超过压缩弹簧2上的力时，将活塞顶起，压缩空气从P口进入，经A口输出，此时单向阀4在压差力及弹簧力的作用下处于关闭状态。反向流动时，输入侧变成排气口，输出侧压力将顶开单向阀4由O口排气。

调节旋钮就可改变单向顺序阀的开启压力，以便在不同的开启压力下，控制执行元件的顺序动作。

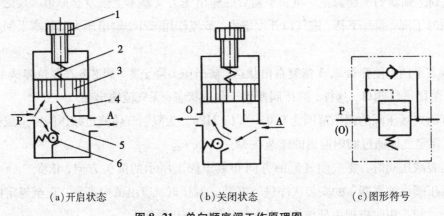

（a）开启状态　　　　　　（b）关闭状态　　　　　（c）图形符号

图8-21　单向顺序阀工作原理图

3. 安全阀

安全阀在系统中起安全保护的作用。当储气罐或回路中压力超过某调定值时，要用安全阀向外放气，安全阀在系统中起过载保护作用。其按照结构分为球阀式和膜片式两种，按照控制原理分为直动式和先导式两种。

（1）直动式安全阀。

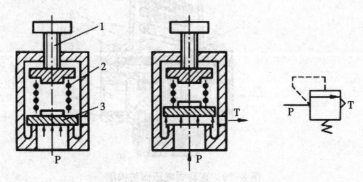

图8-22　安全阀的工作原理图

　　图 8-22 所示为直动式安全阀的工作原理图。当作用于阀芯 3 上的气压力小于弹簧 2 上的弹簧力时，阀处于关闭状态。当系统压力升高，作用在阀芯上的力大于弹簧的弹簧力时，阀芯开启并溢流，安全阀处于工作状态。通过手轮调节弹簧的预压力，可改变安全阀的工作压力，达到调节系统压力的目的。图 8-23 是膜片直动式安全阀结构图。膜片直动式安全阀动作惯性小，动作灵敏度高；但是与球阀比，其膜片较易损坏，结构较复杂。

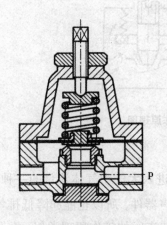
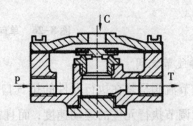

图 8-23　膜片直动式安全阀结构图　　　　图 8-24　先导式安全阀结构图

　　（2）先导式安全阀。

　　先导式安全阀一般采用膜片式结构，如图 8-24 所示。工作时，可采用小型直动式减压阀作为先导阀，先导阀的控制气流从 C 口进入膜片上控制室，与进入膜片下控制室气流形成一对平衡力。调节先导阀的进气压力，就调节了主阀的工作压力。先导式安全阀较直动式安全阀的流量特性好，压力超调量小，灵敏度高。先导式安全阀适用于大流量和远距离控制的场合。

　　（二）流量控制阀

　　在气压传动系统中，有时需要控制气缸的运动速度，有时需要控制换向阀的切换时间和气动信号的传递速度，这些都需要调节压缩空气的流量来实现。流量控制阀就是通过改变阀的通流面积来实现流量控制的元件。流量控制阀包括节流阀、单向节流阀、排气节流阀和快速排气阀等。

　　1. 节流阀

　　图 8-25 所示为圆柱斜切型节流阀结构图。压缩空气由 P 口进入，经过节流后，由 A 口排出，旋转阀芯螺杆，就可改变节流口的开度，这样就调节了压缩空气的流量。由于这种节流阀的结构简单、体积小，故应用范围较广。

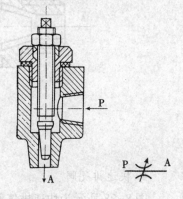

（a）结构图　　　（b）图形符号

图 8-25　圆柱斜切型节流阀结构图

2. 单向节流阀

单向节流阀是由单向阀和节流阀并联而成的组合式流量控制阀，如图 8-26 所示。当气流沿着一个方向(如 P→A)流动时，经过节流阀节流；反方向流动(如 A→P)时单向阀打开，不节流。单向节流阀常用于气缸的调速和延时回路。

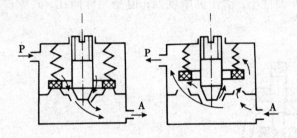

图 8-26　单向节流阀工作原理图

3. 排气节流阀

排气节流阀是装在执行元件的排气口处，调节进入大气中气体流量的一种控制阀，它不仅能调节执行元件的运动速度，而且常带有消声器件，所以也能起降低排气噪声的作用。图 8-27 所示为排气节流阀。其工作原理和节流阀的工作原理类似，靠调节节流口 1 处的通流面积来调节排气流量，由消声套 2 来减小排气噪声。应当指出，用流量控制的方法控制气缸内活塞的运动速度时，采用气动会比采用液压困难。特别是在极低速控制中，要按照预定行程变化来控制速度，只用气动很难实现在外部负载变化很大时对速度进行控制，仅用气动流量阀也不会得到满意的调速效果。因此为提高其运动的平稳性，建议采用气液联动。

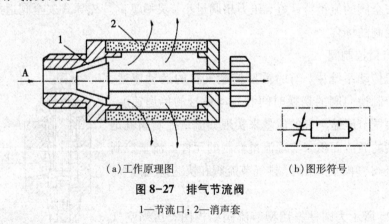

(a)工作原理图　　　　　　　　(b)图形符号

图 8-27　排气节流阀

1—节流口；2—消声套

4. 快速排气阀

图 8-28 所示为快速排气阀工作原理图。当 P 口进气时，阀芯向上移动，关闭排气口 O，使 P，A 口通路导通，A 口有输出。当气流反向流动时，A 口气压使阀芯向下移动，封住 P 口，使 A 口气体经 O 口迅速排向大气。

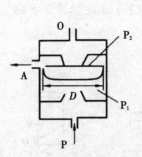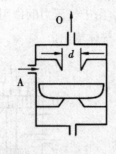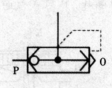

图 8-28 快速排气阀工作原理图

快速排气阀常安装在换向阀和气缸之间。图 8-29 所示为快速排气阀在回路中的应用。它使气缸的排气不用通过换向阀而快速排出，从而加速了气缸往复的运动速度，缩短了工作周期。

（三）方向控制阀

方向控制阀是气压传动系统中通过改变压缩空气的流动方向和气流的通断，来控制执行元件启动、停止及运动方向的气动元件。

根据方向控制阀的功能、控制方式、结构形式、阀内气流的方向及密封形式等，可将方向控制阀分为以下几类，具体见表 8-4。

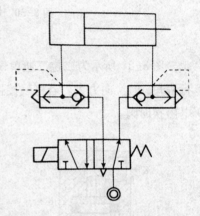

图 8-29 快速排气阀的应用回路

表 8-4 方向控制阀的分类

分类方式	形式
按照阀内气体的流动方向	单向阀、换向阀
按照阀芯的结构形式	截止阀、滑阀
按照阀的密封形式	硬质密封、软质密封
按照阀的工作位数及通路数	二位三通、二位五通、三位五通等
按照阀的控制操纵方式	气压控制、电磁控制、机械控制、人力控制

下面仅介绍几种典型的方向控制阀。

1. 气压控制换向阀

气压控制换向阀是以压缩空气为动力切换气阀，使气路换向或通断的阀类。气压控制换向阀的用途很广，多用于组成全气阀控制的气压传动系统或易燃、易爆及高净化要求等场合。

（1）单气控加压式换向阀。

图 8-30 所示为单气控加压截止式换向阀工作原理图。当控制气口 K 无信号（即常态）时，阀芯 1 在弹簧 2 的作用下处于上端位置，使阀口 A 与 O 相通，A 口排气；当控制

气口 K 有信号(即动力阀状态)时,由于气压力的作用,阀芯 1 压缩弹簧 2 下移,使阀口 A 与 O 断开,P 与 A 接通,A 口有气体输出。

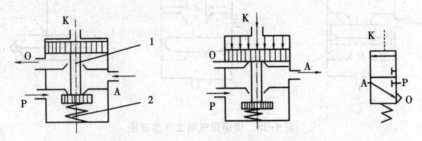

图 8-30　单气控加压截止式换向阀工作原理图

1—阀芯;2—弹簧

图 8-31 所示为二位三通单气控截止式换向阀。其结构简单、紧凑、密封可靠、换向行程短,但换向力大。若将气控接头换成电磁头(即电磁先导阀),可变气控阀为先导式电磁换向阀。

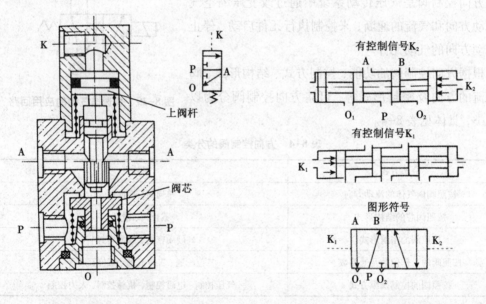

图 8-31　二位三通单气控截止式换向阀　　**图 8-32　双气控滑阀式换向阀工作原理图**

(2)双气控加压式换向阀。

图 8-32 所示为双气控滑阀式换向阀工作原理图。有气控信号 K_2 时,阀停在左边,其通路状态是 P 与 A、B 与 O 相通。有气控信号 K_1 时(此时信号 K_2 已不存在),阀芯换位,其通路状态变为 P 与 B、A 与 O 相通。双气控滑阀具有记忆功能,即气控信号消失后,阀仍能保持在有信号时的工作状态。

（3）差动控制换向阀。

差动控制换向阀是利用控制气压作用在阀芯两端不同面积上所产生的压力差来使阀换向的一种换向阀。图 8-33 所示为二位五通差压控制换向阀结构图。差压控制换向阀利用控制气压在阀芯两端不等面积上所产生的压差使阀换向。

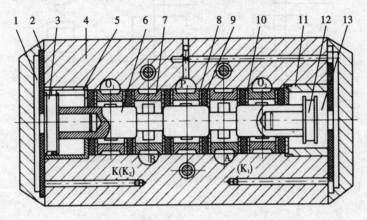

图 8-33　二位五通差压控制换向阀结构图
1—进气腔；2—组件垫；3—控制活塞；4—阀体；5—衬套；6—阀芯；7—隔套；8—垫圈；
9—组合密封圈；10—E 形密封圈；11—复位衬套；12—复位活塞；13—复位腔

此阀采用气源进气差动式结构，即 P 腔与复位腔 13 相通。在没有控制信号 K 时，复位活塞 12 上气压力推动阀芯 6 左移，P 与 A 口接通，有气输出，B 与 O_2 接通排气；当有控制信号 K 时，作用在控制活塞 3 上的作用力将克服复位活塞 12 上的作用力和摩擦力（控制活塞 3 的面积比复位活塞的面积大得多），推动阀芯右移，P 与 B 相通，有气输出，A 与 O_2 接通排气，完成切换。一旦控制信号 K 消失，阀芯 6 在复位腔 13 内的气压力作用下复位。采用气压复位可提高阀的可靠性。

2. 电磁控制换向阀

电磁换向阀利用电磁力的作用来实现阀的切换，以控制气流的流动方向。常用的电磁换向阀有直动式和先导式两种。

（1）直动式电磁换向阀。

图 8-34 所示为直动式单电控电磁阀工作原理图。它只有一个电磁铁。常态情况即激励线圈不通电，此时阀在复位弹簧的作用下处于上端位置，其通路状态为 A 与 T 相通，A 口排气。当通电时，电磁铁 1 推动阀芯 2 向下移动，气路换向，其通路为 P 与 A 相通，A 口进气。

图 8-35 所示为直动式双电控电磁阀工作原理图。它有两个电磁铁，当电磁铁 1 通电、电磁铁 2 断电时，阀芯被推向右端，其通路状态是 P 与 A、B 与 O_2 相通，A 口进气、B 口排气。当电磁铁 1 断电时，阀芯仍处于原有状态，即具有记忆性。当电磁铁 2 通电、

电磁铁 1 断电时，阀芯被推向左侧，其通路状态是 P 与 B、A 与 O_1 相通，B 口进气、A 口排气。若电磁线圈断电，气流通路仍保持原状态。

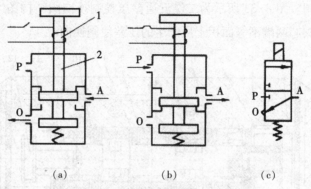

（a） （b） （c）

图 8-34 直动式单电控电磁阀工作原理图

1—电磁铁；2—阀芯

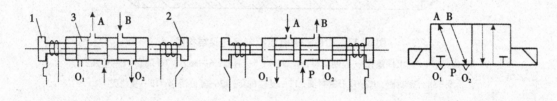

（a）电磁铁 1 通电、电磁铁 2 断电 （b）电磁铁 2 通电、电磁铁 1 断电 （c）图形符号

图 8-35 直动式双电控电磁阀工作原理图

（2）先导式电磁换向阀。

直动式电磁阀是由电磁铁直接推动阀芯移动的，当阀通径较大时，用直动式结构所需的电磁铁体积和电力消耗都必然加大，为克服此弱点可采用先导式结构。先导式电磁阀是由电磁铁首先控制气路，产生先导压力，再由先导压力推动主阀阀芯，使其换向。

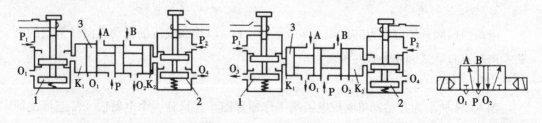

（a）先导阀 1 通电、先导阀 2 断电状态 （b）先导阀 2 通电、先导阀 1 断电状态 （c）图形符号

图 8-36 先导式双电控换向阀工作原理图

图 8-36 所示为先导式双电控换向阀工作原理图。当先导阀 1 的线圈通电而先导阀 2 断电时，由于主阀 3 的 K_1 腔进气，K_2 腔排气，使主阀阀芯向右移动。此时 P 与 A、B 与 O_2 相通，A 口进气、B 口排气。当先导阀 2 通电而先导阀 1 断电时，主阀的 K_2 腔进

气，K_1 腔排气，使主阀阀芯向左移动。此时 P 与 B、A 与 O_1 相通，B 口进气、A 口排气。先导式双电控电磁阀具有记忆功能，即通电换向，断电保持原状态。为保证主阀正常工作，两个电磁先导阀不能同时通电，电路中要考虑互锁。先导式电磁换向阀便于实现电、气联合控制，所以应用广泛。

3. 机械控制换向阀

机械控制换向阀又称行程阀，多用于行程程序控制，作为信号阀使用。其常依靠凸轮、挡块或其他机械外力推动阀芯，使阀换向。

图 8-37 所示为机械控制换向阀的一种结构形式。当机械凸轮或挡块直接与滚轮 1 接触后，通过杠杆 2 使阀芯 5 换向。其优点是减小了顶杆 3 所受的侧向力；同时，通过杠杆传力，也减小了外部的机械压力。

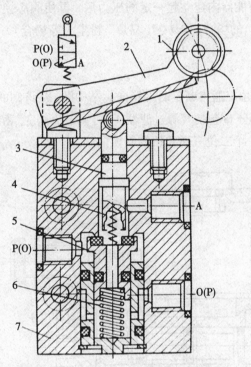

图 8-37 机械控制换向阀的一种结构形式

1—滚轮；2—杠杆；3—顶杆；4—缓冲弹簧；5—阀芯；6—密封弹簧；7—阀体

4. 人力控制换向阀

人力控制换向阀分为手动及脚踏两种操纵方式。手动阀的主体部分与气控阀的类似，其操纵方式有多种形式，如按钮式、旋钮式、锁式及推拉式等。

图 8-38 所示为推拉式手动阀工作原理图。如图 8-38(a)所示，用手压下阀芯，则 P 与 B、A 与 O_1 相通；手放开，而阀依靠定位装置保持原状态不变。如图 8-38(b)所示，当用手将阀芯拉出时，则 P 与 A、B 与 O_2 相通，气路改变，并能维持该状态不变。

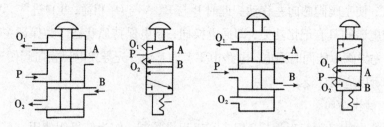

（a）压下阀芯时状态图形符号　　　　　　（b）拉起阀芯时状态图形符号

图 8-38　推拉式手动阀工作原理图

5. 时间控制换向阀

时间控制换向阀是使气流通过气阻（如小孔、缝隙等）节流后到蓄能器（储气空间）中，经一定的时间使蓄能器内建立起一定的压力后，再使阀芯换向的阀类。在不允许使用时间继电器（电控制）的场合（如易燃、易爆、粉尘大等场合），用气动时间控制就显示出其优越性。

（1）延时阀。

图 8-39 所示为二位三通常断延时型换向阀结构图，从该阀的结构上可以看出，它由两大部分组成。延时部分 m 包括气源过滤器 4、可调节流阀 3、蓄能器 2 和排气单向阀 1，换向部分 n 实际上是一个二位三通差压控制换向阀。

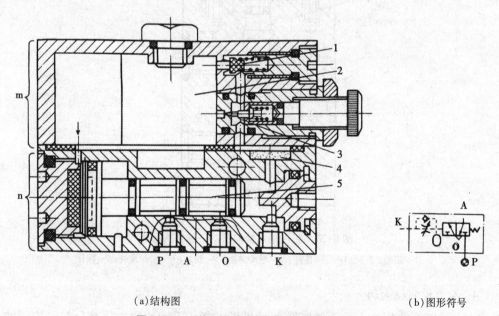

（a）结构图　　　　　　　　　　　　　　　　（b）图形符号

图 8-39　二位三通常断延时型换向阀结构图

1—单向阀；2—蓄能器；3—节流阀；4—过滤器；5—阀芯；m—延时部分；n—换向部分

当无气控信号时，P 与 A 断开，A 腔排气。当有气控信号时，从 K 腔输入，经过滤器 4、可调节流阀 3，节流后到蓄能器 2 内，使蓄能器不断充气，直到蓄能器内的气压上升到某一值时，阀芯 5 由左向右移动，使 P 与 A 接通，A 有输出。当气控信号消失后，蓄能器内的气压经单向阀从 K 腔迅速排空。如果将 P，O 口换接，则变成二位三通延时型换向阀。这种延时阀的工作压力为 0~0.8 MPa，信号压力为 0.2~0.8 MPa，延时时间在 0~20 s，延时精度是 120%。其中，延时精度是指延时时间受气源压力变化和延时时间的调节重复性的影响程度。

（2）脉冲阀。

脉冲阀是靠气流流经气阻、蓄能器的延时作用，使压力输入长信号变为短暂的脉冲信号输出的阀类。其工作原理图如图 8-40 所示，图 8-40（a）为无信号输入的状态；图 8-40（b）为有信号输入的状态，此时滑柱向上，A 口有输出，同时从滑柱中间节流小孔不断向气室（蓄能器）中充气；图 8-40（c）是当气室内的压力达到一定值时，滑柱向下，A 与 O 接通，A 口的输出状态结束。

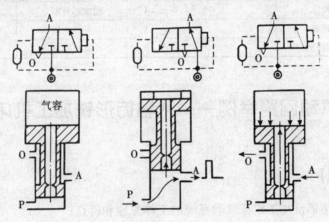

（a）无信号输入状态　　（b）有信号输入状态　　（c）信号输入终止状态

图 8-40　脉冲阀工作原理图

6. 梭阀

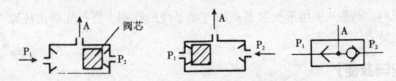

图 8-41　梭阀的工作原理及图形符号

梭阀相当于两个单向阀组合的阀。图 8-41 所示为梭阀的工作原理和图形符号。梭阀有两个进气口 P_1 和 P_2，一个工作口 A，阀芯在两个方向上起单向阀的作用。其中 P_1 和 P_2 都可与 A 口相通，但 P_1 和 P_2 不相通。当 P_1 进气时，阀芯右移，封住 P_2 口，使 P_1 与 A 相通，A 口进气。反之，当 P_2 进气时，阀芯左移，封住 P_1 口，使 P_2 与 A 相通，A 口也进气。若 P_1 和 P_2 都进气时，阀芯就可能停在任意一边，这主要由压力加入的先后顺序和压力的大小而定。若 P_1 和 P_2 不等，则高压口的通道打开，低压口则被封闭，高压气流从 A 口输出。梭阀的应用很广, 多用于手动与自动控制的并联回路中。

【任务实施】

- 理解气压系统所实现的功能。
- 读懂气压系统原理图。
- 找出对应的功能元件。
- 按照要求完成安装。

【任务评价】

表 8-5　解析气动控制元件任务评价表

序号	能力点	掌握情况	序号	能力点	掌握情况
1	安全操作		4	组成部分划分	
2	功能理解		5	元件识别	
3	原理图识别		6	系统安装	

任务五　气动回路举例——八轴仿形铣加工机床气动控制

【任务目标】

- 掌握八轴仿形铣加工机床气动系统的工作原理和特点;
- 分析八轴仿形铣加工机床气动系统所使用的元件及元件在该系统中的功用;
- 分析八轴仿形铣加工机床气动系统所使用的基本回路。

【任务描述】

查阅资料, 熟悉八轴仿形铣加工机床气动系统的作用, 分析气动系统原理图, 了解系统的性能特点。

【知识与技能】

气动技术是实现工业生产机械化、自动化的方式之一, 由于气压传动本身所具有的独特优点, 所以其应用日益广泛。

以土木机械为例, 随着人们生活水平的不断提高, 土木机械的结构越来越复杂, 其自动化程度也不断提高。由于土木机械在加工时转速高、噪声大, 木屑飞溅十分严重, 而在这样的条件下采用气动技术非常合适, 因此在近些年开发或引进的土木机械上, 普遍采用气动技术。下面以八轴仿形铣加工机床为例加以分析。

（一）八轴仿形铣加工机床简介

八轴仿形铣加工机床是一种高效专用半自动加工木质工件的机床。其主要功能是仿形加工，如梭柄、虎形腿等异形空间曲面，工件表面经粗、精铣，砂光和仿形加工后，可得到尺寸精度较高的木质构件。

八轴仿形铣加工机床一次可加工 8 个工件。在加工时，把样品放在居中位置，铣刀主轴转速一般为 8000 r/min。由变频调速器控制的三相异步电动机，经蜗杆、涡轮传动控制降速后，工件的转速为 15~735 r/min；纵向进给由电动机带动滚珠丝杠实现，其转速根据挂轮变化为 20~1190 r/min 或 40~2380 r/min。工件转速、纵向进给运动速度的改变，都是根据仿形轮的几何轨迹的变化，反馈给变频调速器后，再控制电动机来实现的。该机床的接料盘升降，工件的夹紧松开，粗、精铣，砂光和仿形加工等工序都是由气动控制与电气控制配合来实现的。

（二）气动控制回路的工作原理

八轴仿形铣加工机床使用夹紧缸 B（共 8 只），接料盘升降缸 A（共 2 只），盖板升降缸 C，铣刀上、下缸 D，粗、精铣缸 E，砂光缸 F，平衡缸 G，共计 15 只气缸，其结构图如图 8-42 所示。其动作程序如下。

$$
\text{启动} \rightarrow \text{工作夹紧} \rightarrow \text{接料盘降} \left|
\begin{array}{l}
\rightarrow \text{盖板下} \\
\rightarrow \text{铣刀下} \rightarrow \text{粗铣} \rightarrow \text{精铣} \\
\rightarrow \text{平衡缸}
\end{array}
\right.
$$

$$
\rightarrow \text{砂光进} \rightarrow \text{砂光退} \rightarrow \text{铣刀上} \left|
\begin{array}{l}
\rightarrow \text{盖板上} \\
\rightarrow \text{接料盘升} \rightarrow \text{工件松开} \\
\rightarrow \text{平衡缸}
\end{array}
\right.
$$

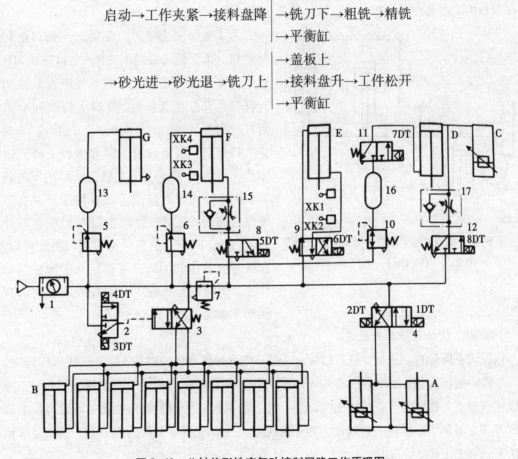

图 8-42 八轴仿形铣床气动控制回路工作原理图

1—气动三联件；2，3，4，8，9，11，12—气控阀；5，6，7，10—减压阀；13，14，16—蓄能器；15，17—单向节流阀；A—接料盘缸；B—夹紧缸；C—盖板缸；D—铣刀缸；E—粗、精铣缸；F—砂光缸；G—平衡缸

气动控制回路工动作过程分四方面说明如下。

1. 接料盘升降及工件夹紧

按下接料盘升按钮开关(电开关)后，电磁铁1DT通电，使阀4处于右位，A缸无杆腔进气，活塞杆伸出，有杆腔余气经阀4排气口排空，此时接料盘升起。接料盘升至预定位置时，由人工把工件毛坯放在接料盘上，接着按照工件夹紧按钮，使电磁铁3DT通电，阀2换向处于下位。此时，阀3的气控信号经阀2的排气口排空，使阀3复位处于右位，压缩空气分别进入8只夹紧缸的无杆腔，有杆腔余气经阀3的排气口排空，实现工件夹紧。

工件夹紧后，按下接料盘下降按钮，使电磁铁2DT通电、1DT断电，阀4换向处于左位，A腔有杆腔进气，无杆腔排气，活塞杆退回，使接料盘返至原位。

2. 盖板缸、铣刀缸和平衡缸的动作

由于铣刀主轴转速很高，加工木质工件时，木屑会飞溅。为了便于观察加工情况和防止木屑向外飞溅，该机床有一透明盖板并由气缸C控制，以实现盖板的上、下运动。在盖板中的木屑由引风机产生负压从管道中抽吸到指定地点。

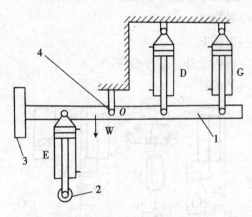

图8-43　铣刀缸和平衡缸仿形轮安装示意图

1—悬臂；2—仿形轮；3—铣刀；4—固定轮

为了确保安全生产，盖板缸与铣刀缸同时动作。按下铣刀缸向下按钮时，电磁铁7DT通电，阀11处于右位，压缩空气进入D缸的有杆腔和C缸的无杆腔，D缸无杆腔和C缸有杆腔的空气经单向节流阀17、气控阀12的排气口排空，实现铣刀下降和盖板下降同时动作。由图8-43可知，在铣刀下降的同时悬臂绕固定轴逆时针转动。而G缸无杆腔有压缩空气作用，且对悬臂产生绕O轴的顺时针转动力矩，因此G缸起平衡作用。由此可知，在铣刀缸动作的同时，盖板缸及平衡缸的动作也是同时的，平衡缸G无杆腔的压力由减压阀5调定。

3. 粗、精铣及砂光的进退

铣刀下降动作结束时，铣刀已接近工件，按下粗仿形铣按钮后，使电磁铁6DT通电，阀9换向处于右位，压缩空气进入E缸的有杆腔，无杆腔的余气经阀9排气口排空，完成粗铣加工。E缸的有杆腔加压时，由于对下端盖有一个向下的作用力，因此对整个悬臂等于又增加了一个逆时针转动力矩，使铣刀进一步增加对工件的吃刀量，从而完成粗仿形铣加工工序。

同理，E缸无杆腔进气，有杆腔排气时，对悬臂等于施加一个顺时针转动力矩，使铣刀离开工件，切削量减少，完成精加工仿形工序。

在进行粗仿形铣加工时，E缸活塞杆缩回，粗仿形铣加工结束时，压下行程开关XK1，6DT通电，阀9换向处于左位，E缸活塞杆又伸出，进行粗铣加工。加工结束时，压下行程开关XK2，使电磁铁5DT通电，阀8处于右位，压缩空气经减压阀6、蓄能器14进入F缸的无杆腔，有杆腔余气经单向节流阀15、阀8排气口排气，完成砂光进给动作。砂光进给速度由单向节流阀15调节。砂光结束时，压下行程开关XK3，使电磁铁5DT通电，F缸退回。

F缸返回至原位时，压下行程开关XK4，使电磁铁8DT通电、7DT断电，D缸、C缸同时动作，完成铣刀上升、盖板打开，此时平衡缸仍起着平衡重物的作用。接料盘升、工件松开、加工完毕时，按下启动按钮，接料盘升至接料位置。再按下另一按钮，工件松开并自动落到接料盘上，人工取出加工完毕的工件。接着再放上被加工工件至接料盘上，为下一个工作循环做准备。

（三）气控回路的主要特点

（1）该机床气动控制与电气控制相结合，各自发挥其优点，互为补充，具有操作简便、自动化程度较高等特点。

（2）砂光缸、铣刀缸和平衡缸均与蓄能器相连，稳定了气缸的工作压力，在蓄能器前面都设有减压阀，可单独调节各自的压力值。

（3）用平衡缸通过悬臂对吃刀量和自重进行平衡，具有气弹簧的作用，其柔性较好，缓冲效果好。

（4）接料盘缸采用双向缓冲气缸，实现终端缓冲，简化了气控回路。

【任务实施】

- 查阅资料。
- 理解八轴仿形铣加工机床气动系统所实现的功能。
- 分析气动系统原理图。
- 运用FluidSIM软件模拟系统运行。
- 分析该系统的性能特点。

【任务评价】

表8-6　八轴仿形铣加工机床气动控制任务评价表

序号	能力点	掌握情况	序号	能力点	掌握情况
1	理解能力		3	归纳总结能力	
2	原理图阅读能力		4	软件运用能力	

参考文献

［1］ 张世亮.液压与气压传动［M］.北京：机械工业出版社，2006.

［2］ 高殿荣.液压与气压传动［M］.北京：机械工业出版社，2013.

［3］ 宁辰校.气动技术入门与提高［M］.北京：化学工业出版社，2017.

［4］ 赵波，王宏元.液压与气动技术［M］.3 版.北京：机械工业出版社，2012.

［5］ 黄志坚，罗佑新.液压控制应用案例精选［M］.北京：化学工业出版社，2014.

［6］ 陆全龙，程灿军.液压气动技术［M］.武汉：华中科技大学出版社，2013.

［7］ 李松晶，王清岩.液压系统经典设计实例［M］.北京：化学工业出版社，2012.

［8］ 刘仕平，姚林晓.液压与气压传动［M］.北京：电子工业出版社，2015.

［9］ 黄志坚.图解液压元件使用与维修［M］.2 版.北京：中国电力出版社，2015.

［10］ 王晓燕，陈闽鄂，吴少爽.液压与气动技术：项目化教程［M］.北京：化学工业出版社，2014.